绿色建筑革命

[美] 杰瑞·约德森 著
夏海山 钱霖霖 译

中国建筑工业出版社

著作权合同登记图字：01-2010-5114号
图书在版编目（CIP）数据

绿色建筑革命/(美)约德森著；夏海山，钱霖霖译.—北京：中国建筑工业出版社，2013.6
ISBN 978-7-112-15545-3

Ⅰ.①绿… Ⅱ.①约… ②夏… ③钱… Ⅲ.①生态建筑—研究 Ⅳ.①TU18

中国版本图书馆CIP数据核字（2013）第136763号

责任编辑：姚丹宁 何玮珂
责任设计：陈 旭
责任校对：肖 剑 陈晶晶

绿色建筑革命
[美] 杰瑞·约德森 著
夏海山 钱霖霖 译
*
中国建筑工业出版社出版、发行（北京西郊百万庄）
各地新华书店、建筑书店经销
华鲁印联（北京）科贸有限公司制版
北京云浩印刷有限责任公司印刷
*
开本：787×1092毫米 1/16 印张：$13^1/_2$ 字数：240千字
2014年1月第一版 2014年1月第一次印刷
定价：45.00元
ISBN 978-7-112-15545-3
（24136）

目录

表目录

序言①

正是此时，一场革命在这片土地上蔓延。它正在改变楼宇、住宅和社区，而且它只是一个更大规模的可持续性革命的一部分，这场可持续性革命将在未来几十年里改变我们所知道的、所从事的和所经历的一切事情。这场革命是关于绿色建筑的，其目的就是为了通过创造节能、健康和高效的建筑从根本上改变建成环境，这些建筑能减少或者降低建筑对都市人群和当地、区域或者全球环境的显著影响。

为了推动这场革命，1993 年美国成立了绿色建筑委员会 (USGBC)，并且在 2000 年我们推出了能源和环境设计示范项目（简称 LEED）绿色建筑评价体系，以此提供一个公认的绿色建筑定义以及为衡量绿色建筑提供评价认定方法。作为该评估体系的一个基本点，LEED 认证建筑是以一些关键的环境性因素为依据，例如对基地的影响、能源和水源的利用、材料和资源的节约以及室内环境质量等。

让我们高兴并且有些意外的是，到 2006 年 LEED 认证已经在全国形成一股风潮。截止到 2007 年初，美国已经有 18 个州和 59 个城市，以及一些建筑行业内最大和最有威望的公司，其中包括世界贸易中心遗址项目“从零开始”的开发商拉里·西尔弗斯坦，都做出了对其建筑项目使用 LEED 评价体系一系列的承诺（在世贸中心遗址上新建成的第一栋楼世贸中心 7 号楼已经通过了 LEED 金级认证）。2006 年美国最大的地主美国总务管理局，连同其他 10 个联邦机构，同意选用 LEED 认证作为其项目的评价工具。这并不为奇，因为 LEED 能够为建造绿色建筑提供一个严谨的路线图。之前的 200 个 LEED 认证项目能源节约记录显示，通过精心设计、完全按图纸施工并且由第三方认证的项目能够达到以下结果：根据认证水平，平均减少 30% 的用水量和节约 30% 到 55% 的能源。

通过美国绿色建筑委员会（USGBC），商务人士、政策制定者、开发商、设计师、科学家和公民联合起来解决我们这个时代的一些最棘手的问题。其中两个问题是最重要和最核心的，它们以一种非常密切的方式相互联系，这

① 这个序言是2006年在美国科罗拉多州丹佛市召开的绿色建筑大会上的发言稿。

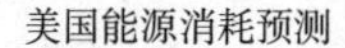

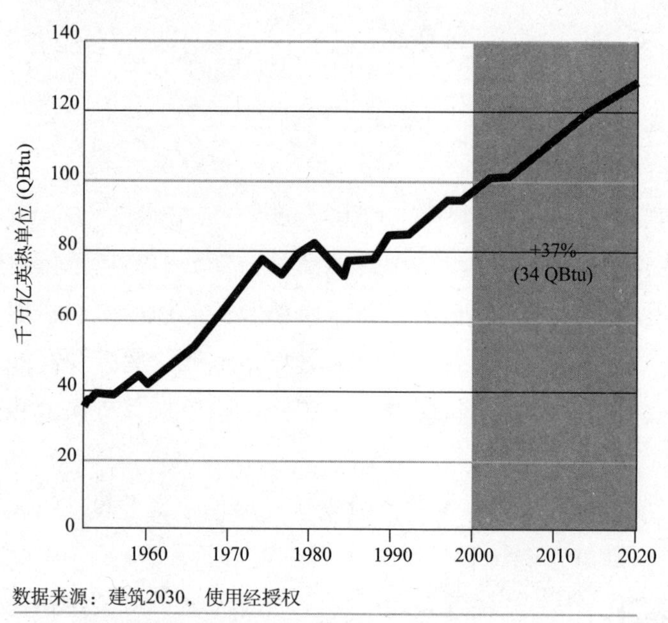

（到2020年的美国的能源消费预测，图表来源于建筑2030）

就是我们城市的健康以及气候变化的影响。

因为这些问题，我们建设绿色建筑。但是我们更应该关注可由我们自己控制的二氧化碳排放量，这是个史诗般的战役，它驱动着全球气候变化。[1]

这些排放物的最大来源正是给我们繁荣的东西，我们驾驶的汽车和我们生产的为运行我们建筑物的电力。这些排放物也是已经严重影响我们生活质量的气候变化的首要原因。现在我们深刻地认识到这些变化：冰川融化造成海平面上升，巨大的风暴如卡特里娜飓风永远地夺走了我们熟知和关爱者的生命。变化的气温和天气正以前所未有的和令人震惊的方式让我们审视我们的经济和社会结构。上图显示了如果我们现在不采取行动，到 2030 年初级能源使用和二氧化碳排放量的预期增长。

我们还是幸运的，因为我们现在还有资源，并且知道通过我们的努力如何达到减缓全球变暖的直接和可量化的结果。与传统建筑相比，绿色建筑能减少碳排放 40%左右。

认识到需要采取紧急行动，美国绿色建筑委员会于 2006 年签署的“展翼原则”是对全球气候变化给予的一个有力回应。这些原则进一步发展了关于能源和气候变化的国家领导峰会成果，主动修订和更新了由比尔·克林顿主持的可持续发展委员会在 1999 年制定的 140 条建议。“展翼原则”的目的是创建一个从纸上谈兵到付诸行动的路线图。

这些原则回应两个问题：

美国作为导致全球气候变暖的温室气体的最大排放国，应该承担哪些责任？

如果我们开始意见一致地发表言论，许多关心气候变化的个人和团体是否会更好地关注气候问题？

这些问题的答案是为了指导全国立即采取全面的行动，以解决气候变化的威胁。

美国绿色建筑委员会与其他团体紧密合作，如和美国建筑师学会、建筑2030、美国供暖、制冷和空调工程师协会等通过联合开发工具、提供专业培训和新的评价软件，帮助设计和施工的专业人士建造更节能和能够“回应气候”的建筑物。这种可能性是令人振奋，并且是无止境的。但也许最重要的是我们终于开始把我们学到的知识用于行动，更健康、更高生产率、减缓和逆转气候变化绝对是绿色建筑立竿见影的效果。

2006年，美国绿色建筑委员会的董事会建议，从2007年开始，所有新的商业LEED认证项目要比目前的水平减少50%碳排放量。通过调整LEED评价体系的标准，我们希望说服大家采取行动进一步控制影响气候变化的大气中二氧化碳浓度。

美国绿色建筑委员会向每一个建筑师、每一个承包商、每个建设者、每一个室内设计师、每一个设施管理者、每一个在校大学生、美国公司的每一个CEO和CFO、每一个商业的房地产经纪公司、每一位建筑物的业主、每一位政府官员、每一位市长、每一位市议会成员和每一位县长、每位顾问、每一位企业的房地产主管提出了挑战，让大家知道如何为每一栋新建建筑的限制排放量做最大努力。

这些自己已经将绿色建筑作为执行标准的建筑师、工程师和建设者还需要给自己的同事提出要求，并让他们承担责任。为了设计本身而设计已不再是一个选择，为更高的建筑性能而设计才是我们通向更美好未来的途径。

为了推动自己和他人追求更高性能的建筑，美国绿色建筑委员会已为各地的绿色建设者设置了两个宏伟的目标：

· 2010年底实现10万栋LEED认证建筑。

· 2010年底实现100万户LEED认证住宅。

对于我们这些投身绿色建筑运动的人而言，结果总是比最初的构想要好。通过召集最优秀的人才，建立共识方向，采取鼓舞人心的行动，可以实现我们的目标，即地球上普遍用可再生能源供电，到处遍布由绿色建筑组成并按

S·理查德·费德瑞兹，美国绿色建筑委员会总裁，首席执行官和创始主席。
图片来源于美国绿色建筑委员会。

清洁绿色全新模式运营的可持续社区。

绿色建筑革命将引导你更深入地了解我们面临的问题以及很多解决办法，这些解决办法都源于遍布全国乃至世界范围的建筑师、设计师、工程师、承包商、业主和设施管理人员，保险和金融机构，以及各类制造商的创造性工作。我希望通过这本书你能够学到一些有价值的东西，并且在你的家里、你的办公室、你的学校以及你的社区立即采取一些具体的行动。

S·理查德·费德瑞兹，总裁，首席执行官和创始主席
美国绿色建筑委员会
华盛顿哥伦比亚特区
2007 年 3 月

前言

从圣迭戈到波士顿，从西雅图到萨凡纳，从蒙特利尔到迈阿密，从图森到多伦多，从温哥华到华盛顿，从纽约到墨西哥蒙特雷的各级建设者、开发者、公共机构和大型企业都发现了绿色建筑的巨大收益。2000年~2006年底，积极寻求一种或多种认证的绿色建筑的数量已经从极少数增长到超过5000个项目。这创造了自互联网以来建筑业增长速度最快的现象。

到2010年，这场革命浪潮将波及建筑、金融、工程、建造、开发、物业领域。绿色建筑革命是对21世纪初大环境危机的回应，这个危机包括全球气候变暖，物种灭绝，干旱，严重的洪水和飓风（或台风），所有这些都以前所未有的方式影响我们的世界。如果我们一定要确定这场革命的开始时间，必须提及两个里程碑的事件：2001年9月11日，显示了先进经济体系在恐怖主义面前的脆弱性；2005年8月底，卡特里娜飓风摧毁了一个美国的主要城市新奥尔良市，上演了一场人类遭受自然力摧残的悲剧。

如果说全球变暖只是上述问题的典型代表，那么绿色建筑则是解决方法之一。全美国乃至全世界先进的公司、政府机关和非营利性组织正在利用绿色建筑创造价值和保持竞争优势。这本书记述了这场革命。

在《绿色建筑革命》一书中，你将看到经济和政策支持绿色建筑的大量实例。我写这本书的目的是为了那些不是从事建筑、开发、建造或者建筑设备职业的精明外行，但是他们想对绿色建筑的基本原理有一个简要认识，并且对绿色建筑在全美的发展情况有一个全面的了解。

同样，我写这本书是为了对公务人员有用，对有绿色建筑和可持续性业务需求的境内外的公司、机构和组织有帮助，对那些从事金融、建设、市场营销及住宅开发的人有用，对那些需要了解各种知识的大学、政府机关和大企业高级管理人员有用。

这本书阐明了几个关键问题：当今的绿色建筑运动规模有多大？它是如何影响商业、中小学、高校、医院和政府建筑的？绿色建筑的经济成本是多少？你可以为进一步推动绿色建筑革命做什么？

过去的十年我一直参与建筑设计和施工，并且自1999年以来我一直活跃于绿色建筑领域。在知道我自己花了多久时间熟悉绿色建筑世界以及它所涉及的巨大问题之后，我希望通过这本书加快公众理解绿色建筑革命对解决我们当代气候变化、能源和环境挑战的重要性。据美国宇航局的气候学家詹姆斯·汉森所说，如果商业、运输和工业行业继续“照以往运行”，很可能到2100年地球上50%的物种将要灭绝，除非我们在2016年前采取果断有效的措施减少因人类活动造成的二氧化碳的持续增加。时间紧迫，刻不容缓。

我希望这本书能帮助你在这项伟大的事业中发挥作用。我也欢迎你通过我个人的e-mail地址jerry@greenbuildconsult.com或通过我的网站www.greenbuildconsult.com给我发送意见。

我想要感谢为本书提供案例研究和采访过的所有人，以及那些在他们公司、组织、机构、城市和国家中引领绿色建筑革命的人。我们采访了以下人员并且获得了有价值的信息：约翰·博克，佩妮·邦德，吉姆·布劳顿，劳拉·佩斯，理查德·库克，彼得·埃里克森，霍斯顿·斑柯，丽贝卡·弗洛拉，吉姆·戈德曼，罗宾·冈瑟，霍利·汉德森，唐·霍恩，凯文·海兹，肯·兰格，玛丽安·拉撒路，杰里·李，盖尔·林赛，托马斯·穆勒，凯瑟琳·奥布莱恩，大卫·佩恩，罗素·佩里，宋佳·佩斯然，伊丽莎白·鲍尔，奥雷利奥·拉米雷斯·扎佐萨，安妮·斯郭夫，保罗·沙利拉，利思夏普，金·希恩，林恩·西蒙，马修·圣克莱尔，朱迪·沃尔顿，丹尼斯·王尔德，罗德·威廉和凯丝·威廉姆斯。

我想特别感谢我的研究助理格莱特·哈坎森，他为收集书中的研究案例、采访、照片和图片提供了宝贵的帮助。感谢俄勒冈州比弗顿市帕克设计事务所的林恩·帕克特别为本书创作的图像。还要特别感谢美国绿色建筑委员会的首席执行官S·理查德·费德瑞兹热情地撰写了序言。

我同样要感谢提供项目照片、项目信息和观点见解的绿色建筑专家。特别感谢评论员苏·巴尼克，安东尼·伯恩海尼，罗素·佩里和保罗·沙利拉帮助推敲整理这本书的信息。同样感谢岛屿出版社的编辑希瑟博耶，感谢她对初稿的理解和极好的反馈，以及对这项工作的鼓励。

另外，非常感激我的夫人杰西卡·约德森为我所做的一切，以及始终豁达宽容的苏格兰小猎犬马杜，他们日夜陪伴我在计算机前工作。

杰瑞·约德森，工艺工程师，硕士，工商管理硕士，LEED认证专家

亚利桑那州图森市

2007年4月

第一章
当代绿色建筑

绿色建筑革命不仅发生在美国，也已经席卷了世界大部分地区。这场革命的爆发是因人们逐渐意识到建筑耗能对人类的影响及对环境的破坏。人类必须及时应对气候变化尤其是全球变暖带来的各种威胁，而二氧化碳排放导致的全球气候变化过程中，建筑占据的巨大排碳比重更是推进了这场革命的发生。据推测，到 2030 年我们的商业建筑和居住建筑直接或间接排放的二氧化碳量将达到整个美国碳排放的一半。[1]

绿色建筑革命能有怎样的重要作用呢？麦肯锡国际咨询公司于 2007 年做了一项研究，结果表明建筑设计及建造手法的改变，以实现零能耗或者负能耗测量计算，每年将减少 60 亿吨二氧化碳排放。降低排放总量的四分之一，要求在 2030 年大气层的二氧化碳排放量低于 450ppm（百万分之 450）二氧化碳当量。换句话说，通过有效的绝缘、玻璃、供暖、空调设备、照明和其他提高能源功效的措施，绿色建筑能在减少二氧化碳排放量的同时节省了资金投入[2]。这是一个关心气候改变的活动家和固执的商人都能接受的双赢办法。

绿色建筑革命是向可持续发展迈进的重要一步，随着对现行生活方式的进一步认识，革命性的变化越来越成为必然，因为廉价的大量化石燃料不能适应长远发展的需求。绿色建筑的革命性工作以各种形式出现在各行各业，所有的工业产业、有收入人群、所有社会阶层。他们也可能是走向老龄化的生于生育高峰期的人们，或是在高校校园里很早对建筑和建筑设计感兴趣的人们。以我自己的感受，近十年尤其是近五年，是一个新世纪的崭新十年，美国公众曾经为之担心的一代人第一次真正担心这个世界的发展和能源的来源，以及如何满足全球化的后工业经济发展要求。

这些问题的存在，让我们思考绿色建筑作为一种解决思路，在气候变化，人类健康，环境质量等众多全球问题上到底能发挥哪些作用。

绿色建筑革命的起源

这场革命的开端可以追溯到几十年前，就像引发美国革命的种子 15 年前甚至在美国内战爆发公开叛乱前就已经埋下。20 世纪 80 年代，因发现氟氯化物会破坏对人类生活至关重要的臭氧层，蒙特利尔协议限制了其使用。1987 年，联合国世界环境发展委员会（布伦特兰委员会），首次提出了可持续发展的概念，指出当代人只顾满足自己的需求而危及后代人的利益，而没有像美国印第安人那样制定了关于第七代规定：每一个人做决定时都有责任确保第七代人的存活。20 世纪 80 年代末，一批有远见的建筑师成立了美国建筑师学会环境委员会，开始了可持续发展的建筑设计的探索进程。

发生在 20 世纪 90 年代初的两个重大事件影响着美国绿色建筑委员会的成立[3]。1990 年在美国纪念地球日成立 20 周年。1992 年，首届联合国环境与发展大会也被称为地球高层峰会在巴西的里约热内卢召开。这两个重要事件促成了 1993 年美国绿色建筑委员会（USGBC）的正式成立。

美国绿色建筑委员会是一个基于共同的目标包括其他社会团体的组织：公司企业，政府部门，高校，中小学，非营利组织，环保组织，贸易协会。它的会员数量增长迅速，1998 年拥有 150 家企业和单位，到 2007 年，规模已增长了 50 倍，拥有 7500 家。这个快速增长的现象正如 19 世纪中期法国小说家维克多·雨果说的那样“一个人可以抵挡军队的入侵，但是抵挡不了思想的入侵”，通常解释为“没有什么东西能阻止一种时代所需的思想的传播”。

20 世纪 90 年代后期提出的《京都议定书》，作为对《联合国气候变化框架公约》的修正，首次尝试在全球范围内控制温室气体的排放量。到目前为止，世界上超过 170 多个国家（不包括美国在内）已经签署并承诺执行这项协议，其温室气体排放量占全球排放总量的 55%[4]。

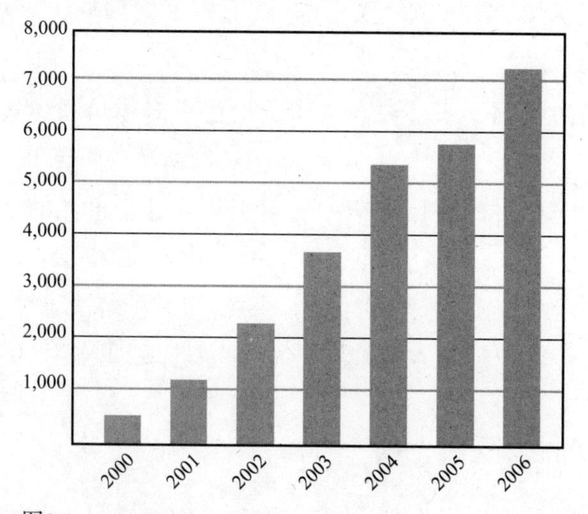

图1.1

2000 年，美国绿色建筑委员会公布了 LEED 作为绿色建筑评价体系向社会推广应用。LEED 是美国首次运用评价体系去规范管理商业项目，全面审核对能源和水资源使用、市政基础设施、交通运输功能、资源的节约保护、土地利用、室内环境质量等的环境影响。在 LEED 之前的多数评价体系，例如环境保护署的能源之星计划，都只是集中关注能源消耗。

在接下来的七年里，LEED 成为美国真正意义上针对商业项目，政府项目，以及高层居住建筑的评价系统。在这个过程中，LEED 成为一个衡量建筑是否合理的方法和标准，同时告诉建筑师、工程师、建造者、业主以及开发商怎样协作共同创造绿色建筑。这对一个非营利组织来说是一项非凡的成就，尤其这个设想是由三个男人在酒吧提出的。如果项目申请的时候采用 LEED 评估体系，当项目完成，他们提交成果文件后将会得到一个评定，这个评定分为四个级别：认证级、银级、金级、铂金级。起先，LEED 只适用于新建建筑和重要的商业或政府开发的改造项目。随后，经过修改完善，也适用于三层以上的住宅开发项目。这个独创性的体系现在被称为新建建筑的认证标准（LEED–NC），以便更明确地表达它关注的重点。

从 2000 年至今，美国绿色建筑委员会先后颁布了 5 类 LEED 认证标准。它们分别适用于商业建筑室内装饰工程（针对租赁制度改进的要求）、既有建

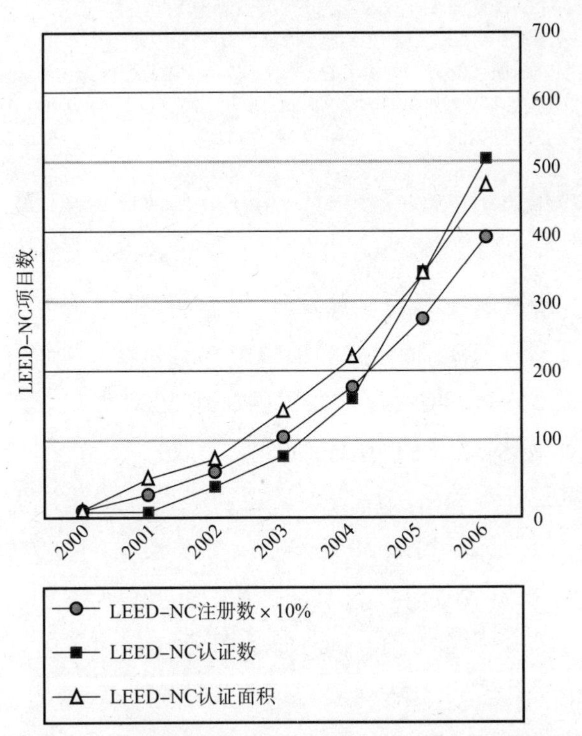

图1.2 2000~2006年间LEED–NC项目的增长情况（数据来源于美国绿色建筑委员会,被允许重新绘制）

筑（针对经营管理和维护）、建筑主体结构和外围护结构（针对开发商）、住宅（针对单层独立住宅和低层住宅），以及社区开发（针对城市区域化和高密度混合使用的发展模式）。图 1.2 显示，2000 年以来申请 LEED-NC 认证的项目和通过认证的项目在迅速增加。[5] 到 2006 年底，有申请记录的 LEED-NC 项目已经超过 2005 年总数的 50%，增加到将近 4000 项；而通过 LEED-NC 认证的项目数比 2005 年同期增长了 70%，达到 513 项，此数据见表 1.1。这个行业（建设开发行业）通常每年增长率为 5% 或者更少，所以这样快的增长速度无疑令全世界震惊。在其他几个主要的认证类型中，你们也可以看到有大量的项目参加。

LEED 项目统计（到 2006 年底）　　**表 1.1**

	认证项目数	认证面积（百万平方英尺）	注册项目数	注册面积（百万平方英尺）
LEED-NC	513	53	3895	477
LEED-EB	37	12	244	72
LEED-CI	92	3	462	23
LEED-CS	27	6	325	68

LEED-NC: 新建及大型更新改造项目的 LEED 认证（针对新的商业开发、政府开发和高层居住建筑项目）。
LEED-EB: 既有建筑的 LEED 认证（针对既有建筑运营及管理）。
LEED-CI: 商业建筑室内装饰项目的 LEED 认证（针对租赁的改进项目）。
LEED-CS: 主体结构与外围护结构的 LEED 认证（与 LEED-CI 相配合，为建筑业主和开发商证明其建筑的主体和外围护结构的性能）。
来源：美国绿色建筑委员会提供的非公开出版的数据，2007.5。

2007 年，我相信美国将会有超过 1500 个新项目申请 LEED 认证，建造出超过 15000 万平方英尺（约 1394 万平方米）的新建建筑。换句话说，这些项目将占到 8% ~ 10% 的美国商业开发及政府开发的建筑市场份额。基于目前的增长速度，我预测 2007 年的那些项目中，有 300 ~ 400 个能够获得 LEED 的认证，几乎每天一个。据我保守的预测，到 2008 年底，美国和加拿大，将有超过 1500 项工程得到 LEED 认证。

正如理查德·费德瑞兹在序言中所说，美国绿色建筑委员会的 LEED 评价系统有更宏伟的目标：到 2010 年年底，委员会希望在美国看到有 10 万项 LEED 认证的商业投资和政府投资项目以及一百万户 LEED 认证的住宅。如果实现，这将增加 200 倍的商业项目的认证数量，增加 100 倍的住宅认证项目（估计大约有 10000 户住宅于 2006 年获得绿色认证）。

在住宅领域，长期以来一直是通过“能源之星”家庭认证计划来关注能源效率，该计划旨在以 2004 年为基准减少能源使用 15%。2006 年该计划认证了 17.4 万户，约占所有新建住宅的 12%。[6] 其他的行业认证计划在 2006 年也生产了另外的数千家绿色住宅。

美国绿色建筑委员会估计，通过其成员组织，其认证标准每年影响到的人数超过几十万，这从建筑行业专业人士参加应用 LEED 评估体系研讨会的情况就可以证实。到 2006 年底，有近 45000 人参加了全脱产的 LEED 培训班。同时，近 35000 人已通过全国考试，成为 LEED 认证的专业人员，或获得 LEED 认证专业证书。[7] 这些数字表明 LEED 认证在商业建筑界的巨大影响；这也显示，美国绿色建筑委员会是如何在绿色建筑革命中为公众提高参与能力的。美国绿色建筑委员会的目标是，每个绿色建筑项目至少有一名获得 LEED 认证的专业人士参加指导。

但绿色建筑革命不仅仅是美国绿色建筑委员会以及 LEED 认证过程本身。这是一个更广泛的运动，建筑行业需要承担更多的责任：对楼宇的住户、对社区基础设施、对能源和水、对其他天然资源和材料、对全球环境负责。

当今的绿色建筑市场

凯瑟琳·奥布莱恩在西雅图开了一家绿色建筑咨询公司。谈到经验，她说：越来越多关于气候变化的信息起到了作用，它使那些以前保持中立的人们都认识到绿色建筑是必须推行的。他们开始考虑全球环境影响和可能的运作成本之间的关系。另外，还有潜在的运营节能、商业节能和设计节能，他们也考虑到怎样防止能源价格波动，实现能源安全之类的问题。

绿色建筑市场包括商业建筑、政府建筑、居住建筑，性质上有公共的、教育的、非营利组织及社会团体等所有。在美国和加拿大绿色建筑随处可见，从北极圈到佛罗里达，从新斯科舍省的礁石海岸到夏威夷的炎热海滩。它们组成了一大批亮丽的建筑形式，包括办公楼、警察局、棒球场、博物馆、图书馆、动物收容所以及工业建筑。绿色建筑项目涉及新建建筑和历史建筑；城市楔入式开发项目、棕地复兴开发项目和市郊绿地开发项目，这些项目的规模从几千平方英尺到一百多万平方英尺。在美国，申请过 LEED 的公共项目和非营利的绿色建筑在每年全部新建建筑中占到近 10%，其中绿色商业建筑占 5%。[8] 这些数据看起来很小，但是它们意味着绿色建筑被早期的市场接纳，为预测快速发展的绿色建筑市场会延伸到建筑行业各个部门提供了一个依据，包括商业、中学、高校、政府、卫生保健、商业零售和医疗等。

关于绿色建筑的政策

直到美国绿色建筑委员会成立，开始讨论市场变化的需求之前，只有很少一部分人开始意识到建筑对环境的巨大影响。根据美国绿色建筑委员会的统计，建筑直接消耗了全社会 12% 的清洁水源、30% 的原生材料，产生了 30% 的温室气体排放量、65% 的废弃垃圾、31% 的固体废弃物中的汞，消耗了 70% 的电能。[9] 另一方面，绿色建筑能够节省 30% 的能耗，30% ~ 50% 的水资源，减少 35% 的碳排放和 50% ~ 90% 的建筑废料和生产垃圾。[10] 建筑可以有很长的寿命，典型的非居住建筑是 75 年，而一个公共学校建筑可以使用 60 年。[11] 一个建筑在使用过程中的能源消耗可能会戏剧性地增加，甚至经常会超过建造建筑本身所需的费用。从政府的角度来看，这些情况已经到了不得不重视的程度。

在这方面，政府拥有比绝大多数生意人更长远的考虑，因为政府机构是大量建筑的永久所有者，而联邦总务管理局是这个国家中最大的土地所有者。提高设计的标准，能够给公众未来的生活创造更多的条件。

大学是另一类建筑的长期所有者。2007 年初，我针对盐湖城威斯敏斯特大学的一个新科学建筑组织召开了一个绿色建筑研讨会。我记得早在犹他州成立前 20 年，这所大学就已经建立，这使学校具有比政府更久远的视角和想法。在欧洲，很多大学仍旧在使用那些最古老的建筑，正因为如此，大学具有设计优秀建筑的意识。世界上通过 LEED 认证的规模最大的建筑就是俄勒冈州波特兰的健康与科学大学的保健与治疗中心大楼，一个占地 40 万平方英尺的建筑，2006 年建成完工。得到所有公共设施和政府部门的支持以及只需要增加 1% 的成本促使这个项目顺利完成。通过一个完整的设计过程，很多的机构组织都发现了怎样在普通的预算下设计出最高效的绿色建筑，对此第四章中会有更加详细的描述。

政府引导与民众行动

最近十年，在绿色建筑发展的初期，政府的带动对绿色建筑发展起着至关重要的作用，政府投资的建筑和非营利建筑占所有申请 LEED 认证建筑项目总数的 70%，占所有绿色建筑总价值的 60% 以上。通过让他们自己的建筑满足 LEED 标准，政府为私人投资商做了一个榜样。2001 年，西雅图市议会成为第一个提出 LEED 评估体系要求的国家政府机构，要求面积超过 5000 平方英尺的新公共建筑必须通过 LEED 银级认证。2004 年，加拿大的温哥华又针对特定规模的建筑提出了 LEED 金级认证要求。同时，加利福尼亚州州长

图 1.3　由 GBD建筑与工程事务所为杰丁安得开发公司设计的俄勒冈州波特兰的健康与科学大学的保健与治疗中心大楼，是世界上规模最大的获得LEED铂金级认证的建筑项目。感谢杰丁安得开发公司提供资料。

阿诺德·施瓦辛格签署了 S-20-04 号行政令，规定所有新的国有建筑都要通过 LEED 银级认证，在十年内要节约 15% 的电能消耗。[12] 这些举动激励了许多私人投资商竞相跟随。到 2005 年，这种情况发生了变化，申请和获得 LEED 认证的绿色建筑有将近一半都是由非政府组织的机构经管的。在这个过程中，追求各方面和谐发展的共同目标发挥了重大的作用，关于对绿色建筑利益的商业意识也得到不断提高，这一点会在第三章作详细阐述。像丰田汽车这样的大公司，拥有遍及全世界的经营实力和高度的社会责任意识，成为这场革命的领导者。图 1.4 中指出，62400 平方英尺的美国南部丰田发动机销售部，位于加利福尼亚托兰斯城，占地 40 英亩。这个建筑由 LPA 建筑事务所设计，特纳建筑公司施工建造，并且通过 LEED 金级认证。这座能容纳 2500 名员工的建筑，据评估与普通的建筑相比节省了 42% 能源，每年为公司节省将近 40 万美元。其中饮用水的需求相比同类建筑减少了 80%。这个项目中还安装了一套加利福尼亚最大的太阳能光电池组，能够提供 536 千瓦的能量和 20% 的建筑用电。[13]

绿色建筑的驱动力

在后面第五章，我将阐述这些趋势是否有益于绿色建筑革命未来的健康发展。但是，什么能驱动绿色建筑革命越走越远呢？除了建筑师的能力和委

图 1.4 位于美国南部加利福尼亚托兰斯城的丰田发动机销售部， 是一个获得LEED金级认证的项目。感谢特纳建筑公司和丰田汽车公司提供资料。

托人的个人意愿这两个重要因素外，还有以下几点：

- 2004 年 10 月的平均原油价格飙升至每桶 40 美元以上，2005 年 7 月又升到 50 美元以上，发展趋势是要长期保持在 50 美元以上。根据美国能源信息管理局在 2005 年 11 月的长期预测估计，以 2005 年的美元价值计算，到 2025 年油价成本为每桶 54 美元，与去年同期每桶 33 美元相比上升 65%。[14] 这些事态发展改变了很多业主和开发商的思维定式，从对能源价格比较满意到深度关注其长期的发展趋势。
- 不断上涨的石油价格，未来能源供应的不稳定性，除了地理政治上的因素，更增加了人类活动导致全球变暖的证据，以此从内心上改变了公众只顾当代人利益的局限观念，增强对建筑节能的兴趣。
- 2005 年，美国国会通过的能源政策法案，大大地提高了对太阳能和风能的利用，为实现新建建筑和既有建筑的节能提供了强有力的支持。尽管这些鼓励措施在 2008 年末终止，但是多数观察家都希望它们经过进一步完善能够有益于长远的发展。[15]
- 许多新通过的政府法律法规都支持绿色建筑发展，包括 2005 年内华达州规定对绿色建筑实行合理减税，2005 年华盛顿州规定所有的新建建筑都要通过 LEED 银级认证，而内华达州规定所有政府工程都要通过 LEED 认证。[16]

- 地方政府，小的如得克萨斯州的弗里斯科，大的像西雅图、波士顿、芝加哥、旧金山和纽约等城市，都开始采用各种政策和法规鼓励个人及单位建造绿色建筑。
- 在很多设计公司里，通过专业的组织和美国绿色建筑委员会的培训，建筑师和工程师的工作开始发生巨大的变化，包括建筑的构思、建造和运营等各方面。2005 年，美国建筑师学会的领导者们怀着极大的雄心发布了支持可持续建筑设计的政策，申明到 2010 年，所有新建建筑设计中能源消耗要减少到当前标准的 50%。[17]

绿色建筑革命的到来是一个激动人心的时刻。如果我们团结一致，你会发现这场革命是怎样迅速渗透到建筑产业的各个方面，包括设计、建造、开发和经营，你肯定会发现众多的机会迅速涌入到你的生活、工作、学习、宗教信仰以及公共活动中。毕竟，哪场革命会缺少革命者呢？

第二章
什么是绿色建筑

我想对绿色建筑做一个更加详细的介绍。绿色建筑是一种高性能的建筑类型，它着眼于怎样减少环境破坏、降低对人类健康的影响。绿色建筑设计就是减少能源和水资源的消耗，减少材料使用过程中对人类生活环境造成的破坏。实现这个目标，需要更好的场地、更优的设计、选择合适的材料、高质量的建造、合理运营、及时维修与搬迁，以及尽可能的回收再利用。

2007 年，一个商业性质的绿色建筑通过了美国绿色建筑委员会制定的 LEED 认证。尽管评估体系隶属于美国绿色建筑委员会这个大型组织机构，并由其来确保评估体系不断完善，但是这个评估体系是一个公共性的文件，98% 以上通过认证的绿色建筑使用的都是 LEED 体系。[1]2006 年 9 月，美国总务管理局向议会提交报告，要求所有其管理的项目都使用 LEED 评估体系。[2]

在商业和政府机构的项目中，如果一个建筑没有通过由第三方独立组织的评估和认证，没有公开创建及维护一个评估体系的过程，则不能称之为真正的绿色建筑。

如果建筑项目的委托人和设计师声称他们是遵循 LEED 体系标准的，但是最终建成的建筑又没有申请 LEED 认证，那么你就会怀疑他们是不是真的做到了如他们所说的那样。如果他们声称在做可持续的建筑设计，你有权利质疑：用什么标准来衡量你们的设计，你们准备如何证明？

LEED 评估体系

在下面简短的讨论中，我将会介绍 4 种主要的 LEED 认证标准和它们的使用方法。在 LEED 项目中，以下 4 种认证标准被广泛使用：

- 新建建筑的 LEED 认证，简称 LEED-NC；
- 建筑主体结构与外围护结构的 LEED 认证（针对商业投资性建筑），简称 LEED-CS；
- 商业建筑室内装修项目的 LEED 认证（针对租户改善和改造项目），简称

LEED-CI；
- 既有建筑的 LEED 认证（针对升级改造、运营和维护），简称 LEED-EB。

在第十章和第十一章，我将分别介绍另外两个认证系统，住宅认证和社区规划与开发认证 LEED 标准，它们都还在试用期。（想了解更多详情，请参考附录 2 或者登陆美国绿色建筑委员会网站下载资料。）

LEED 评估体系的本质和它的特别之处，在于它允许不同类型的绿色建筑在一个总平台上进行比较。美国人喜欢使用得分的高低来保持竞争力，LEED 系统借用这种方法因此广受欢迎。

LEED 是综合地从各个学科广泛吸取了最优秀的实践经验，包括建筑学、工程学、室内设计、景观建筑学和建造施工。它是工作性能标准和文件规范标准的综合，但更偏重于性能实现。换句话说，LEED 所持的观念是每个得分点的获得取决于建筑物在某方面的性能表现，而与达到这个表现背后所采用的技术无关，所以说结果是最好的说明。

每一个 LEED 认证标准都有一个各自的总分数值，所以在同一个系统中的得分比较才有意义。尽管如此，成果奖项的评定方法是相同的，所以通过 LEED-NC 标准评估的金级认证和通过 LEED-CI 标准评估的金级认证是一样的等级。

LEED 授予以下几种认证级别：
- 认证级：满足至少 40% 的评估要点要求
- 银级：满足至少 50% 的评估要点要求
- 金级：满足至少 60% 的评估要点要求
- 铂金级：满足至少 80% 的评估要点要求

LEED 认证分级就是一种描述项目环境性能的标签。LEED 出现以前，还没有建筑能标识出它们的能源使用状况，除了一些“能源之星”项目。需要的时候，“能源之星”会提供一张施工期间的建筑项目照片，来说明它对环境的影响。

图 2.1 表示的是基于这六种 LEED 认证标准，一个具有生态环保标签的建筑产生过程。可笑的是，直到这个系统创建，一个价值 2000 万美元的建筑对于其功能和材料的说明，比一盒 2 美元的动物图案饼干的说明还要少。商业和政府机构的建筑的所有者，往往对他们建造或者购买的建筑本身一无所知。这种项目在施工过程中经常很麻烦，会涉及很多变更，而且很少有资金能节

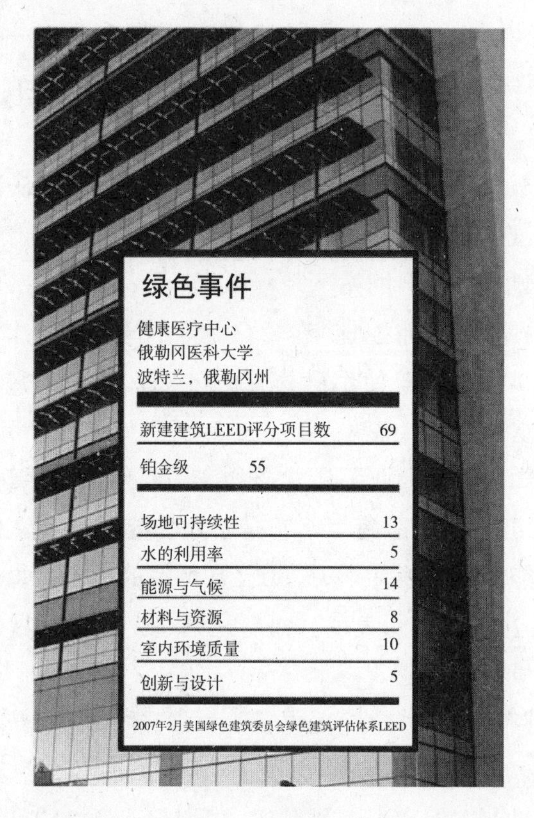

图 2.1 建筑的生态标签

余下来，或符合文本中最初商定的建筑成本。因此，为了能够了解一个建筑的构成和它的预期目标（包括运行的能源费用和用水费用），像 LEED 这样的评价体系对建筑所有者和建筑消费者都是有价值的（与节水量相比，他们可能更关心建筑的正常使用情况）。而 LEED 认证进行测试和评估报告给建筑所有者提供了信心，让他们相信建筑是按照最初的设计建造运营的。

为了保证项目能达到最低的得分要求，无论申请的是哪种等级的认证，这四种 LEED 认证标准都设置了申请认证的基本要求。例如，其中一个要求就是一个建筑内必须完全禁止吸烟或者有严格的方法抑制环境性被动吸烟，并且保证处理废气时不会对不抽烟者的空气造成污染。在个人套房和单位公寓里，要禁止抽烟往往不太可能，所以需要使用科学技术方法去控制和消除二手烟的危害。

LEED 是一种交由第三方核查的自我评价体系。申请人将项目的质量情况和自我评价得分以文件的形式提交给美国绿色建筑委员会，然后由委员会选派的独立评估专家进行详细的核查。核查的结果可能是同意和授予自评得分，或者是不同意和不允许授予自评得分，也有可能需要提交更多的项目说明和证明文件。

针对 LEED 系统，有一个一步上诉的程序。LEED 系统和联邦税收制度没有什么不同，我们先估计自己的税务然后把估计结果提交到国税局，国税局要么接受我们的估算，要么要求更详细的信息，或者不同意这个估算，不太友好地邀请我们去参加一个税务审核会议。在国税局，也有一个上诉程序。LEED 系统突出私人和公共信贷解释裁决，美国绿色建筑委员也会为某个时间的某个项目或者很多笼统的情形做解释说明。每个人都把发布的公共规则作为规范使用。

新建建筑的 LEED-NC 认证

新建建筑 LEED-NC 认证标准是影响最深、使用最广的一个 LEED 体系，它包含了所有新建建筑(除了仅开发主体结构)，主要的修复工程和四层以上的居住建筑。表 2.1 显示，在 LEED-NC 认证标准中有六个主要项：场地选址、水资源利用效率、能源利用效率及大气环境保护、材料及资源的有效利用、室内环境质量，以及在这 5 方面基础上的第 6 项是对“设计流畅创新”增加一些奖励分。

LEED-NC 绿色建筑评级的关键因素 表 2.1

绿色建筑的关键因素	在关键因素处理中的一些问题
1. 可持续的场地开发	只在适当的地点，提供非机动车通行，保留开放空间，管理雨水，减少城市热岛效应，减少夜空的光污染
2. 节约用水	减少使用饮用水进行灌溉建设和污水输送
3. 能源效率和大气环境保护	降低建筑能耗,使用更少的有害化学物质和大气制冷剂，产生可再生能源，为持续节约能源提供保护,并购买绿色电力用以项目使用
4. 材料和资源保护	再利用现有的建筑,减少资源建筑废物的产生,使用和回收可再生材料、源材料,并使用快速生长的可再生(农业)材料和认证的木材产品
5. 室内环境质量	改善室内空气质量,增加外部空气通风;环境管理的空气质量在施工过程中,只使用无毒优质装潢、地毯和复合木材产品;在建筑施工中减少接触有毒化学物质;对于个人舒适性提供控制;保持热舒适标准;并提供户外采光和景观视野
6. 鼓励创新和联合设计	提供模范绩效高于LEED标准的创新,并鼓励其他创新;使用授权的专业人士综合设计的设计团队

到 2006 年底，77% 的 LEED 工程已经注册申请或者通过 LEED-NC 认证[3]（见表 2.2）。面向新建建筑的 LEED 认证标准也可以用在大学校园工程中，不像通常的系统（公园、交通、公共事业）经常只提供建筑的数量。

LEED-NC 认证的项目中使用的主要措施 表 2.2

极有可能被使用的（67%或更多的项目）
低VOC含量的油漆，涂料，胶粘剂，密封剂
低挥发性有机化合物的排放地毯
10%以上的再生含量的材料
90%或更多的可视户外的空间
两个创新点，如公共教育，额外的节约用水，或更高的建筑垃圾的回收水平
有些可能会被使用（33%至67%）
为期两周的建设flushout之前入住（除在潮湿的东南亚和南亚）
二氧化碳监测，以改善室外空气流通
生物洼地，蓄水池，雨水控制措施
绿色屋顶或能源之星反射屋顶
施工期间的室内空气质量的最佳管理实践
永久的温度和湿度监测系统
至少75%的采光空间
节能灯具和较低的室外环境照明量来控制灯光环境
节水装置及无水的小便池（54%的项目中减少30%以上）
至少有35%的能源使用量的减少超过传统建筑
额外的建筑调试,同行评议的设计文档
购买绿色电力至少两年
无添加尿素－甲醛复合木或产品

来源：作者的美国绿色建筑委员会认证的项目数据分析，采用LEED-NC项目计分卡。

图 2.2 表示的是一个通过 LEED 认证的大学校园工程实例——亚特兰大埃默里大学怀特黑德生物医学研究实验室，它是美国东南部规模最大的通过 LEED 认证的工程。作为一个早期绿色建筑实例，它激励着高校在过去的几年里建设了十多个绿色建筑。据项目经理劳拉女士说，当设计完成了 90%，工人已经在给第三层楼板浇灌混凝土时，该项目才开始绿色化。设施和管理人员用商业项目案例说服学校董事会，最后得到他们的认可。我们不得不安装一个转轮式换热器（一个能量回收装置），这就增加了项目的费用，但是四年以后就能看到收益回报。这个装置节省了大量的资金，因为作为一个实验室建筑，它需要使用百分之百的室外新鲜空气，相当于需要每小时换气 12 次。[4] 2001 年，八层的怀特黑德研究所完工，成为 2002 年美国第一个通过 LEED 认证的实验室建筑，也是最先通过 LEED 认证的高质量的教育项目之一。

怀特黑德研究所获得了 LEED-NC 银级认证。经过测量计算，使用很多新技术的这个建筑比同样面积，同样形状，罗盘定向的传统建筑节约 22% 的运营能量。[5] 例如，标准的生物学和化学实验室，都是通过一个极其耗能的系统把室外的空气通过送风管导入建筑内部。安装了“转轮式能源回收器”后，能够把输送

图2.2　大学校园工程实例——亚特兰大埃默里大学怀特黑德生物医学研究实验室是美国第一个获得LEED认证的实验室建筑。照片由埃默里创新团队提供。

出去的室内空气的热量或者冷量传导一部分给将要输送进来的空气，减少校园的能源消耗。通过使用水泵将回收的空调冷凝水送回冷却塔循环利用，每年可以节约 2500 万加仑的水资源。这个建筑物将收集到的雨水用来灌溉，90% 以上的使用空间都通过天然采光满足照明需求，这些在实验室建筑中是很少见的。

通过 LEED 银级认证需要的费用是建造总费用的 1.5%，大约 99 万美元，其中投资转轮式能源回收器占了一半。据计算每年节省的能源价值为 16.7 万美元，可见收回所有投资在绿色建筑的费用不会超过 6 年。这个工程也成了废旧回收材料再利用的典范，提供了整个项目 78% 的建筑材料需求。更重要的是，工程中 40% 的建筑材料都是在方圆 500 英里内就地取材。因为这个项目的成功，现在埃默里所有的新建建筑项目都通过了 LEED 认证，最低的也获得了 LEED 银级认证。在一个建筑竣工但是还没有投入使用时，它需要经过一个最终的审核，称为建筑许可，LEED-NC 就是这个审核机构。当前使用的 LEED-NC2.2 版本，允许在设计阶段完成后施工开始前就递交材料申请评估，但直到项目完工后得到所有评估信息之前不会颁发证书。

建筑主体结构与外围护结构的 LEED-CS 认证

LEED-CS 认证是为最终只掌管 50% 左右建筑开发的特定开发商而设立。例如，他们可能占用整个建筑空间的 40%，把其余 60% 的建筑空间划分成小空间出租给其他的租户。LEED-CS 评估体系允许开发商申请设计认证，借此来吸引租户或者可以吸引投资。一旦建筑完工，开发商提交所有文件就能获得 LEED 最终认证。

LEED-CS 认证标准的优越之处在于解决了开发商必须等到建筑施工完成后才能获得 LEED 认证，因而无法在招商中使用这个认证结果的问题。美国绿色建筑委员会发表声明鼓励开发商建造绿色建筑，允许使用一种类似 LEED-NC 的预认证评估体系。不仅如此，对于那些发放租赁者使用指南并鼓励租户申请 LEED-CI（商业建筑室内装饰认证标准）的开发商，LEED-CS 还会给一分的奖励。如果真的是那样，就跟通过 LEED-NC 认证没有不同，都是一样的。因为开发商不能控制建筑使用中的改造和装修，而在这方面 LEED-CS 认证标准比 LEED-NC 认证标准至少多了四个评估点要求。

通过 LEED-CS 金级认证的一个优秀工程实例就是亚特兰大的有 1180 棵核桃树的交响乐中心，一个 41 层高的大楼，由总部位于休斯敦的海因斯集团于 2001 年建造完工（见图 2.3）。2005 年 10 月通过认证，它是同类型建筑中

图 2.3　亚特兰大的1180核桃树的41层交响乐中心，由海因斯集团投资建设，销售价格创下纪录，项目通过LEED金级认证。
照片由海因斯提供。

第一个达到金级认证水平的项目。这座办公楼中采用很多绿色设计，如它独特的水处理系统，通过机械装置将收集储存的雪水雨水处理后供给绿化灌溉，避免使用城市水资源进行灌溉。2006 年 9 月，这个 67 万平方英尺的建筑被海因斯卖出去，而公司依旧掌握着房产的管理和租赁权。[6] 海因斯在建筑完工租赁市场活跃的时候将通过银级认证的芝加哥的南迪尔伯恩项目和亚特兰大项目纷纷出售。海因斯的高级副总裁杰瑞评论 LEED 评估体系带来的益处：这两个建筑都达到了这两类建筑市场中有史以来最高的销售价格。我也不知道那是为什么？这是因为它们是绿色建筑吗？还是因为他们大部分都出租给了高素质的租户？这可能是其中的一部分原因，那些租户中部分人是提倡绿色环保的。我认为绿色建筑的认证和商业空间的出租是有联系的，绿色建筑能帮助销售。[7] 杰瑞说 LEED-CS 给海因斯集团提供了第三方认证：我们的建筑是非常优秀的建筑，比其他竞争对手的产品更好。[8]

商业建筑室内装修项目的 LEED-CI 认证

面向商业建筑内部装修的 LEED-CI 认证是针对在基本建筑主体结构体系不变的基础上，每个租户仅拥有大型建筑的几层或者更少的使用空间而设计的。在这种情况下，影响能源和水资源使用的能力变得很小或者近乎没有，例如公共空间、绿化景观、雨水雪水再利用等方面。因此，其他的绿色建筑衡量标准必须合并为统一的价值体系。这些衡量标准包括租户对空间内灯光的选择布置、能源使用装置、光控制系统、分计量仪表、家具选择和家具布置、墙地面装饰、地毯、复合木制产品以及租期的长短。

通过 LEED-CI 认证的一个优秀工程实例是 12000 平方英尺的帕金斯 + 威尔国际建筑公司西雅图办公楼的装修改造（图 2.4）。在申请 LEED-CI 认证的 92 个项目中，这个项目是华盛顿州第一个、全美国第三个获得 LEED-CI 铂金级认证的工程。根据办公建筑可持续设计负责人、建筑师阿曼达·斯图尔松的说法：阻碍租户提升建筑品质及申请 LEED-CI 认证的普遍原因是原有建筑的状况及空间的局限性。帕金斯 + 威尔的建筑空间与通常的建筑没有不同，沿着建筑周边布满了封闭的办公室，悬挂着很低的吊顶，打不开的窗户，和一个集成的暖通空调系统，因此要获得 LEED 认证看起来可能性极小。[9] 围绕一个简单的设计构想，设计团队将建筑的暖通空调系统分别独立出来，安装了新的可开启窗户，更多地依靠自然通风。拆掉了原有的吊顶，暴露出 12 英尺厚的屋顶和厚重的木板构件。为了满足冬季供暖需求，安装了一个新的周

图 2.4 建筑公司帕金斯 + 威尔西雅图办公室通过了LEED评估体系的铂金级认证。(资料由帕金斯 + 威尔提供。)

边加热系统。

针对美国西北部太平洋海域的温和气候，自然通风是一个理想的策略。设计师们在西侧空间的外部增加了遮阳设备，以减少下午太阳西晒投射的热量。其他的可持续设计策略包括对租户使用的电量进行分户计算，安装的灯是效率提高了 46% 的节能灯，购买的材料中 78% 都是当地资源生产的，只使用根据可持续方法砍伐的木材产品。据测算，这个项目节约了 50% 的能源消耗和 40% 的水资源消耗，建筑废弃物回收再利用率达到了 98%。[10]

既有建筑的 LEED-EB 认证

LEED 的既有建筑认证标准（简称 LEED-EB），最初的设计是为了确保获得 LEED-NC 认证的新建建筑随着时间的推移能始终履行环境义务。它反而成了物业业主用以评价建筑物管理运营是否符合公认标准的一个独立评估系统。截止到 2007 年初，共有 5 个工程通过 LEED-EB 的认证，且都位于加利福尼亚州。其中两个是政府机构在使用，另外位于旧金山的三个工程都为美国奥多比电脑软件公司所有。LEED-EB 认证标准并不只适用于新完成的工程项目，也适用于升级改造、运营管理维护、环境优先政策、环保管理、长期的能源使用监测、节水装置翻新改装和灯具替换。

最早获得 LEED-EB 金级认证的项目是加利福尼亚州立大学的莫斯兰丁

海洋实验室，它为加利福尼亚州的其他工程指明了道路。楼宇设备工程师巴里·贾尔斯承担了帮助通过 LEED-EB 认证的任务。莫斯兰丁海洋实验室坐落于蒙特利海湾，占地 6 万平方英尺，才建成两年就因良好的管理被评定为优秀项目。

贾尔斯谈起他管理和提升这个工程的经验：一开始，我就从全局的角度考虑向董事会提出了申请 LEED-EB 认证的建议。所以在这个工程中，我们对所有的场地进行了整合。在 21 英亩的土地上，我们进行了很多创新尝试，试图让这些想法在周围环境中实施。出乎意料的是，在这个过程中我们所做的努力都得到了回报：建筑有很好的遮阳系统，天窗及高侧窗带来了奇异的光线感受，整个建筑中 80% 的地方能够看到大海和窗外的景色。

莫斯兰丁海洋实验室项目的反响是巨大的。它让我们意识到，我们手中的这把剑是双刃的，不能只考虑自身，也要考虑周围环境、邻里关系和我们生活的这片土地。这样，与其他人相比，我们在土地上留下的痕迹就会轻浅很多。[11]

这个项目包括减少雨水径流、美化自然景观、节约 20% 的水资源和 20% 的能源使用、降低维护能耗、50 % 的生活垃圾回收利用、建筑内部 65% 的空间采用日光照明、7 种绿色运营管理措施、通过已有场所的复兴实现对濒临灭绝物种的保护、开展可持续发展教育等。

绿色建筑的典型措施

这里并不存在典型绿色建筑，只有在很多绿色建筑中都使用过的方法和措施。无论你是建筑的业主、开发商、项目经理人、政府官员、商人还是非营利组织成员，或者是对绿色建筑工程感兴趣的投资商，了解这些措施能够对你的工作起到帮助。

表 2.2 列出的是，从早先通过 LEED-NC 认证的 200 个新建建筑项目（现在已经超过 500 个）中总结出的典型措施。有不到三分之一的项目采用了一些类似的做法，这些措施可能与典型的绿色建筑相关，例如：

- 太阳能光伏发电系统
- 高效率的通风和地板送风系统
- 可开启的窗户和可控制的环境热舒适度
- 采用自然植被修复场地

- 采用通过认证的木制品
- 采用可迅速再生的材料如软木和竹子地板

但是，大部分这些系统和方法都不常见，因为有些工程中没有机会用到它们（例如在人口稠密的都市里，很难保护土地），或者是有产品供货的困难，或者需要大量的前期投资。

在 LEED 系统中还有其他的方法就是使用绿色产品，特别是使用下脚料或回收材料制作的家具和陈设，如隔墙；再生率高的材料，如再生塑料；农用产品，如麦秸人造板和草板纸、棉花、羊毛；100%来自认证的可持续管理森林的木材，不包含任何额外的脲醛树脂复合木制品。

其他绿色建筑评估体系

LEED 评价系统中除了现有的评价标准，将在第十章中特别介绍住宅市场的评价标准（LEED-NC 只涉及四层以上的集合住宅）。在商业和机构建筑物中使用的其他评价体系还有一个称为“绿色地球”的非营利性绿色建筑行动。“绿色地球”评价系统主要为了便于网络和团体使用，但它目前只有不到 2%的市场份额。[12] 然而，它有它的追随者，这主要是因为据说认证过程的成本低于 LEED。由于该系统是一个自我评估，批评者指出，它缺乏严谨性，缺少一种独立的第三方评价体系的信任。

有六个州已经批准使用“绿色地球”体系评价绿色建筑：阿肯色州、康涅狄格州、夏威夷州、马里兰州、宾夕法尼亚州和威斯康星州。像美国绿色建筑委员会一样，“绿色建筑行动”也是一个美国认可的绿色建筑标准制定机构。2006 年美国明尼苏达大学的一项研究表明，这两个系统所提供的评分，有 80%的“绿色地球”打分点与 LEED-NC2.2 版本（目前的标准）一样，85%的 LEED-NC2.2 版本中的评分点在“绿色地球”[13] 中也有反映，可见在本质上这些标准几乎是一样的，但 LEED 占有市场优势，在未来几年可能还会继续保持。

2006 年美国总务管理局向国会提交的一份报告，确定了 LEED 作为政府使用的首选标准，而不是“绿色地球”和 3 个其他国家和地区的评价体系，即日本的 CASBEE（构建环境效益的综合评价）[14] 系统、欧洲的 GB-Tool，和英国建筑研究所的环境评估法（BREEAM）。美国总务管理局提交的报告，是由能源部的太平洋西北国家实验室编制的，他们比较了这五个评价体系关于绿色化的建筑设计和项目建设。虽然研究人员发现，每个评价体系各有优点，但他们的结论是 LEED“仍然是评价美国总务管理局项目的最合适、最可靠的可持续建筑评估体系。”[15]

美国总务管理局列举了五个重要原因，为LEED评价体系下结论。首先，美国绿色建筑委员会制定的LEED标准适用于所有美国总务管理局工程项目类型，包括新建的和既有的建筑和室内工程；其次，“能够量化评价可持续发展的设计和建筑性能”，符合联邦计划下看重的政府绩效与成果法则，以及通常的性能测量要求；第三，有训练有素的专业人员参与 LEED 认证；第四，它有一个“明确的系统，并不断更新”（目前美国绿色建筑委员会正在准备推出 LEED3.0 版本）；第五，LEED 是“在美国市场上使用最广泛的评估体系。”[16]

第三章
绿色建筑的商业模式

2007年，绿色商业建筑的市场出现了这样的发展趋势：如果你的下一个项目不是一个由第三方评估体系认证的绿色建筑，那么它可能会在施工完成的时候就面临过时的压力或者随着时间而被市场所淘汰。[1]这种情况得到了著名房地产专家的认同，他表示不久的将来绿色建筑将会成为主流，世界各地上万亿美元的商业房产将逐渐失去价值进而被淘汰。[2]2007年2月，在悉尼的一个会议上，澳大利亚房地产协会主席发表演说，纵观整个房地产业的发展历史，没有一个大型开发商愿意投资连LEED银级认证都没通过的项目。[3]

在这两年里，绿色建筑逐渐地成为普通商业市场的一部分。总部位于休斯敦的汉斯杰里，就是一个强大的支持者，作为获得能源之星及LEED认证建筑的开发商，他说："我想这是一个要求可持续发展的时代。我想五星级建筑的定义不久就将包含可持续设计要求以及LEED认证要求。"[4]纽约著名的建筑师理查德·库克认为：在未来的五年里，我们将会清楚地看到没有通过可持续设计最高标准的建筑会被淘汰。[5]

绿色建筑发展的机遇和障碍

大范围的推广应用绿色建筑技术以及技术体系依旧存在着许多障碍，主要涉及两方面内容：现实生活的惯性和建筑观念上觉得绿色建筑依旧需要付出额外的费用。让人惊讶的是根据2005年绿色建筑市场的变动信息表（特纳建筑公司做的一项调查），发现多数的建筑机械公司、顾问公司、开发商、建筑业主、建筑自住的业主，以及教育机构的高级管理者都对绿色建筑物的效益优势和费用投入持有积极肯定的态度。[6]

如果将绿色建筑和传统建筑进行比较，其结果会让你不得不认同绿色建筑具有广泛的效益和优势，具体有以下几点：

居住者的健康和幸福（88%）

建筑物的价值（84%）

工人的产值（78%）

投资的收益回报（68%）

通过对655位管理人员的调查发现，他们中57%的公司都在使用绿色建筑。83%的认为自2002年开始，在绿色建筑环境中办公能够提高工作效率。87%的人希望绿色建筑的活力能够延续下去。那些目前还没有在绿色建筑中工作的人中，34%的人表明在未来三年里他们的单位会考虑使用绿色建筑。

让人惊讶的是，在特纳建筑公司调查中发现，虽然都对绿色建筑积极肯定，但是目前最大的障碍还是认为需要更高的费用投入（占68%），以及对绿色建筑长远效益缺乏认识（占64%）。其他对绿色建筑持消极态度的原因还涉及绿色建筑的复杂性和申请LEED认证的费用问题（占54%）、对短期预算的考量（占51%）和投资回报的时效长（占50%），对经济效益评价的难度（占47%）和更加复杂的建造施工过程（占30%）。

解决绿色建筑发展的障碍

在未来的三年里，绿色建筑领域的每个人都将会致力于研究如何降低绿色建筑成本。建筑师、工程师、建造者和开发商都将努力地把绿色建筑的成本与其收益相匹配，主要通过以下五种途径：

（1）他们积极地积累项目经验和整合设计方法，尝试找到一种积极的方式降低成本并减少影响，例如通过增加某些方面的费用(如建筑表皮和使用高质量的玻璃)来降低其他方面的费用（像HVAC）。

（2）为了补偿实践某些新技术所担的风险，他们将通过加强交流探讨和制定相关市场策略的方法以便高效利用这些可行的研究成果，从而证明绿色建筑具有种种益处。后面我们将会看到一些这类的研究。

（3）他们准备借助公共设施项目和地方政府、州政府、联邦政府的项目扩大影响力，并从中获得投资支持研究绿色建筑，找到方法降低或消除绿色建筑最初的成本投入，避免吓跑那些将来可能为绿色建筑买单的人。现在有一批不断增长着的第三方公司出于对能源效率和可再生能源的考虑选择投资巨大的建筑项目，这一点可以支付或者补偿增加的绿色建筑最初成本。

（4）他们将会学习成功项目的经验，并尝试复制成功项目的结果，让占据当前将近50%绿色建筑（通过LEED认证）市场的投资机构进行投资。这就意味着全面总结绿色建筑的益处，进而鼓励对建筑具有长久所有权的业主们寻找更多的投资去建设高质量的建筑。

（5）他们会使用优秀的项目管理和费用管理软件计算出各种绿色建筑措施在实际中的益处。关于绿色建筑采用何种措施通常很快就会商定，因为项目过程中召开的会议可能会持续一整天。很好地掌握项目费用、效益和投资回报的有效信息，将对选择合理的绿色建筑措施具有重要的作用，防止严格的经费考虑导致的错误判断。

保罗·沙赫里阿里是一个关于绿色建筑项目费用管理的重要软件开发商，他开发了“生态 -3”这个软件，[7] 因为他发现在许多绿色建筑项目中建造成本是唯一都在讨论的内容。他说，我们开发了基于网络协议的软件，便于每个项目团队能够核算出确定的成本节约，或者申请 LEED 认证获得每一分值的额外费用。

他们也能将影响成本的概况与每个 LEED 评分点联系起来。这个工具软件整合了设计的软成本、咨询费、工程和建造的硬成本部分（施工成本）计算，同时提出一种生命周期效益结构。甚至在项目进程中断时，它仍然能告诉你，绿色建筑将会产生额外的收益以减少运营费用、电费、水费、运行和管理费、维修费等等。它会告诉你，绿色建筑与传统的需要业主投入运营费用的建筑完全相反，是唯一一种能够为业主带来更多收益的建筑。到目前为止，每个通过评估体系认证的项目，平均收益期不超过 5 年。

通过做一些绿色环保的工作，一些特定评分点的投资回报经计算将达到 1000%。我们的主旨就是想从一个项目的环境表现来衡量它的经济价值。我们借此告诉人们把他们的项目绿色化将会得到巨大的收益。我发现最重要的是先制定一个经济框架，在此基础上讨论 LEED 认证，我有很多项目因为没有框架而无法前进。我所有的顾客在看过这个软件给出的计算结果后，没有人不选择建造绿色建筑。[8]

第四章将会介绍在设计建造过程中有很多方法可以影响绿色建筑的成本。

建立一种商业模式的益处

绿色开发的商业模式是基于一个利益框架：经济性、生产效率、风险管理、健康性、公共关系、市场、招聘和留住人才以及资金。[9] 表 3.1 列举的内容将有助于了解绿色建筑在各个领域里产生的利益，以下每一点都是经过了详细的核实。

经济效益

降低运营成本。在未来的 20 年里，[10] 石油的实际价格可能保持在每桶 50 美元，天然气价格处于历史高位，在很多大都市用电高峰期（特别是夏季使

表 3.1　绿色建筑的商业效益

1.能量及水的节省，节能通常使得“碳足迹”降低30%~50%
2.通过调试和其他措施提高和保证良好的系统集成和性能以保持花费减少
3.从较高的净营业收入和较好的公共关系提升价值
4.从额外的绿色建筑投入获得税收优惠
5.从长远来看，更有竞争力的私营业主持有房地产
6.生产率的提高通常为3%~5%
7.健康福利，减少缺勤，通常是5%或以上
8.风险管理方面的益处，包括更快的租赁及销售，降低员工受异味、刺激性或有毒化学建材的影响
9.市场的益处，特别是对开发商和消费品企业
10.公共关系的益处，尤其是对开发人员和公共机构
11.更容易招募和保留核心员工，提升士气
12.学校和非营利组织的集资奖励
13.增加开发商的贷款及股权融资的效益
14.示范可持续发展和环境管理的承诺；与核心利益相关者享有共同价值观

用空调的时候）的电价格稳步增长，由此可见节能建筑具有良好的商业竞争潜力。在三方的契约关系中，租户负担所有的运营费用，业主则提供给租户最经济的空间。在绿色建筑中，只要增加少量的资金投入，由于能源运营成本的节省，只要几年就能获得收益。

现在设计的很多绿色建筑消耗的能源比现行规范要求低 25%~40%；有些建筑甚至能达到更高的节能效率。普通情况下，每年每平方英尺面积运营的电能成本（最常见的建筑能耗）在 1.60~2.50 美元，通过节能设计每平方英尺只需要 40 美分 ~1 美元的公共运营成本。大部分情况下，这些节省的费用能与每平方英尺额外增加的 1~3 美元投资成本相持平。随着建筑成本达到每平方英尺 150~300 美元，很多开发商和建筑业主都发现增加 1%~2% 的成本投入以实现长期的能源节约，尤其是三年内就能获得投资回报，这是一个聪明的商业选择。在一个 80000 平方英尺的建筑中，业主每年能节省的费用将达到 32000~80000 美元。

减少维修费用。通过对 120 多份文件的研究表明，节能建筑只需要每平方英尺增加 50 美分 ~1 美元的初次投资费用（与每年节省的费用持平），而节省能源 10%~15%。同时，绿色建筑更易于运营和维修。[11]

在入住使用前对所有的能源系统进行综合功能测试，提前发现潜在的问题，以确保建筑在数年内运行顺畅。劳伦斯・伯克利国家实验室最近的一项相关研究表明，建筑节能调试的投资回报期将是 4 年，如果综合其他因素考虑收益，一年就开始获得投资回报，例如要求解决热舒适问题的情况减少。

提高建筑价值。逐年增长的能源节约使建筑具有了更高的价值。想象一下，一个建筑每年在能源消耗上就能比同类型的按常规规范建造的建筑节省 37500 美元(只要建筑每平方英尺能耗减少 50 美分，75000 平方英尺的建筑就能实现这个结果)。

在 6% 的资本化率下，在今天典型的商业地产中，绿色建筑标准就能为绿色建筑价值增加 625000 美元（每平方英尺增值 8.33 美元）。只要增加小量的前期投资，业主就能获得收益，最典型的是三年内就能获得投资回报以及 20% 以上的盈利率。

税务优惠。很多州政府都开始给绿色建筑提供税务优惠政策。例如，俄勒冈州和纽约州提供了国家税收抵免政策，而内华达州提供了财产和销售减税政策。联邦政府也提出了税务减免政策。俄勒冈州的优惠税点根据建筑规模和申请获得的 LEED 认证等级的不同而不同。在铂金级的认证中，10 万平方英尺的建筑能够申请到每平方英尺减少 2 美元的现金税务优惠。[12] 这个税务减免可以由公共或者非营利社会团体转移给私人公司，例如签约人或者资助者，因为社会团体相比较个人业主享有更大的优惠政策。[13]

纽约州的税务抵免政策规定，达到节能目标和使用环保材料的建筑业主可以要求国内项目每平方英尺减少 3.75 美元和国外项目每平方英尺减少 7.50 美元的税务优惠。为了达到税务减免资格，建筑必须通过许可建筑师或者工程师的认证，必须满足特定的能源使用、材料选择、室内空气质量、垃圾处理和水资源利用等方面要求。这就意味着在新建建筑中能源使用不能超过纽约州能源使用规范规定使用量的 65%，而在旧建筑改造中，能源使用不能超过规定的 75%。[14]

2005 年，内华达州立法机构通过了一条法律，为获得 LEED 银级认证的私人开发项目提供高达 50%、长达 10 年的税务减免政策。在一个大项目中，假定财产税是建筑价值的 1%，也就相当于建筑成本的 5%，它远远超过申请 LEED 银级认证所需要追加的成本。所以，大多数内华达州的项目都积极申请 LEED 认证，包括世界上最大的私人开发项目，投资 70 亿美元，占地 1700 万平方英尺的拉斯韦加斯城市中心区项目（详见第十一章）。[15] 内华达州的法律还针对 LEED 银级认证的建筑中使用的绿色材料的销售制定了税务减免政策。（2007 年，这条法律进行了修正，降低了减税额。）

2005 年美国能源政策法案为鼓励发展绿色建筑提供了两个主要的税务政策：为使用太阳能供热和供电系统的建筑提供 30% 的税务减免政策，为在照明系统、供热通风和空调系统、热水系统中耗能比 2001 年制定的能源使用标准节约 50% 的建筑提供每平方英尺减税 1.80 美元的政策。[16] 在政府项目中，设计团队的负责人尤其是建筑师可能能够获得这个税务减免优惠。

生产力效益

在服务经济中，健康的室内空间生产效率所产生的价值相当于 1%~5% 的租赁费用，或者说可出租、可使用的空间每平方英尺产生 3 ~ 30 美元的收益。

这个估算是基于每年每平方英尺的员工成本在300~600美元（假定每人每年平均60000美元的薪水福利和占用100~200平方英尺空间）。[17]在通常情况下，每年每平方英尺空间的能源成本不超过2.50美元，所以从绿色建筑中获得的生产效率价值能够轻松地平衡甚至超过整个建筑运营所需的能源成本。

这里有一个实例：卡内基·梅隆大学对高性能照明系统11个项目研究得出的平均生产率收益为3.2%，或者每年每平方英尺1~2美元，总额上与电能的消耗费用持平。[18]通过合理的照明系统设计还能够节省平均18%的能源消耗。对建筑的业主（社会团体和政府机构）和使用者而言，这种节省高到不能忽视。

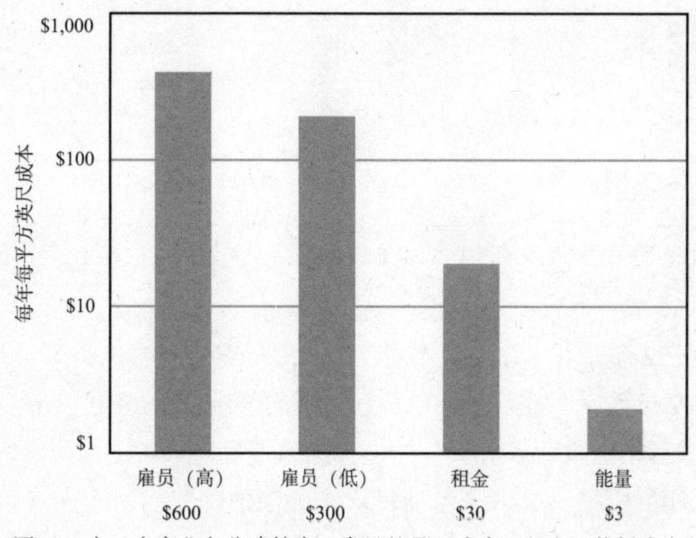

图3.1　在一个商业办公建筑中，常见的员工成本、租金、能耗成本。

或者这样看，如果使用绿色建筑能够提高10%的生产效率，或者增加每平方英尺30 ~ 60美元的产出收益，建筑业主肯定会投资建设绿色建筑，让员工在绿色建筑中工作。换句话说，生产效率的提高能够收回增加的建筑成本投入。哪怕是提高5%的生产效率，就能够支付一半以上的租赁费用或者新建绿色建筑的相关费用。对此，你可能会问：棕色建筑商业项目就没有这些益处了吗？（见第七章）

从另一个关于绿色建筑成本的开创性研究中发现，图3.2中列举了这20年来各种类别的绿色建筑收益的净现值。[19]从这个分析中可以发现，生产效率和健康的获益超过了绿色建筑所有收益的2/3。

风险管理效益

绿色建筑认证中第三方会对已安装的措施进行核查，这样就可以防止未来对这方面的诉讼，以确保室内空气的质量，并不仅仅满足规范要求的最低标准就可以。随着社会的焦点转移到建筑的模型和对使用者的影响上，开发

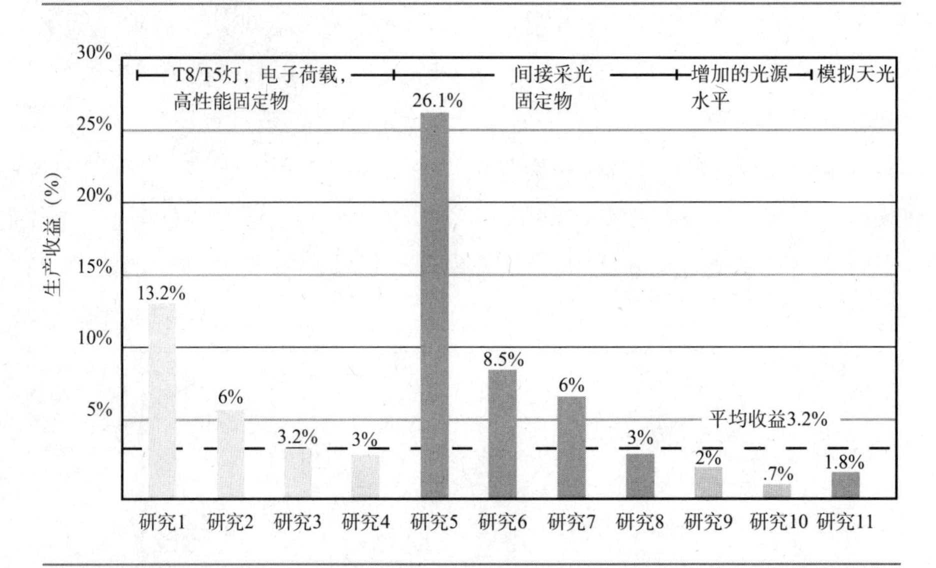

图 3.2　改进照明系统对提高生产效率的作用。资料由卡内基·梅隆大学建筑性能与评价中心提供，并得到授权重新绘制。

商和建筑业主也将很多注意力投入到改善和维持室内空气质量上。

快速许可或者特殊许可补助也成了一种降低风险的方式。旧金山为申请LEED金级或者铂金级认证的项目提供快速的审批许可。芝加哥市政府设置了绿色项目管理员职位，提供绿色项目优先处理的特权。对于大项目，在满足最低要求基础上，城市减免征收相关的咨询费用。申请高级别认证的绿色建筑项目可以在15天内获得评审。[20] 在得克萨斯州的奥斯汀，城市会快速对一个大型零售商店的建设进行审核，以使其能够比原计划提前12个月开张，由此产生的经济收益用来支付整个项目280万美元的成本。[21]

绿色建筑的经济效益（按照2003年的美元价值计算）　　表3.2

效益	每平方英尺节省
生产效率和健康收益	\$36.90 – \$55.30（70% ~78% 全部节省）
运营和维护节省	\$ 8.50
能源节省	\$ 5.80
排放量节省（从能源）	\$ 1.20
水资源节省	\$ 0.50
合计	\$52.90 – \$71.30

来源：格雷戈里·凯兹，绿色建筑的成本和财务效益，2003，www.cap-e.com/ewebeditpro/items/O59F3303.ppt#1, accessed March 6, 2007.

绿色建筑的另一种风险管理收益是这些建筑的销售和出租相比城市其他类似项目快得多。绿色建筑的出租和销售越来越容易，因为受过高层次教育的租户不断增加，他们都能认识到绿色建筑的益处。绿色建筑也被保险人认为是风险比较小的项目。2006年9月，一个重要的保险公司消防基金发布声明，绿色建筑参加保险可以获得5%的优惠。保险公司还宣告，将用通过认证的新绿色建筑代替原有建筑，实现绿色覆盖的升级。[22]

健康效益

不可否认，影响生产效率最重要的因素就是健康的工作者。通过采用各种能够提高室内环境质量的措施，如加强通风，日光照明，引入室外景观，使用低毒害污染的装修和家具，图3.3显示绿色建筑每年平均降低了居住者41.5%的各种症状。自从大部分的企业开始大力进行自我保险和大部分的政府部门和大型企业也在实际运营中进行自我保险，它们开始形成良好的经济意识，积极关注建筑设计对员工健康的影响。另外，如果我们知道各种绿色建筑措施对健康的影响，而企业没有尽可能采用这些措施去设计和建造有益于健康的建筑，那么它很有可能会招致诉讼。如果建筑申请独立的第三方认证且设计满足最低限度的规范要求，那么企业就可能拥有更有效的证据去应对员工对一系列不健康的建筑症状、与建筑相关的病症和其他小病的诉讼。

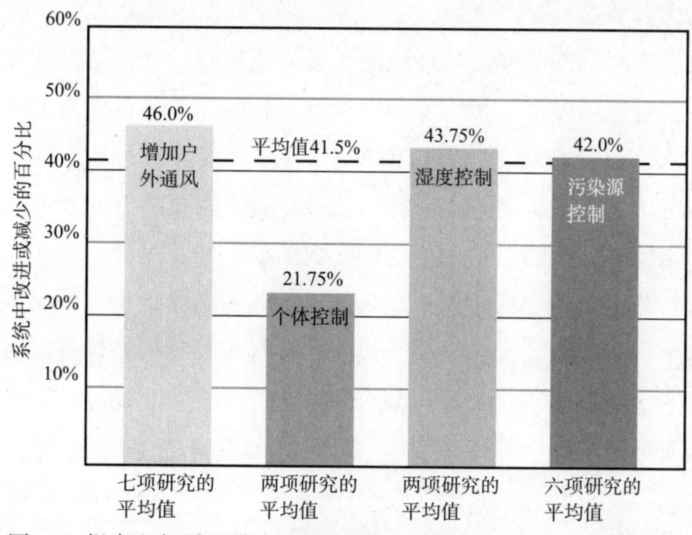

图3.3　提高空气质量带来的年收益。资料由卡内基·梅隆大学建筑性能与评价中心提供，并得到授权重新绘制。

公共关系和市场效益

股东和居住者的满意度。居住者和员工都想要看到的是关心他们健康及地球和谐的证据。聪明的开发商和建筑业主开始认识这个问题，将通过绿色建筑认证和具备其他文件形式的这个优势，用于市场经济中，以利于争取有见识又持怀疑态度的客户和股东的支持，包括地方公共事业和工业项目。这不是飘绿，而是针对日益增长的要求环境健康的公众意识的一种积极回应。众多公司开始接受这个概念，其中一个很好的迹象是2006~2007年绿色建筑项目的激增和股东们的联合。如果你使用谷歌快讯键入绿色建筑这个关键词，你会在国家新闻中找到每天6~12条关于此类的报道。

环境管理工作。作为一个好邻居并不仅仅是做一个合理的建筑使用者，更需要合理的对待巨大的社会关系网。开发商、大型企业、大学、一些卫生保健机构、中小学校、地方政府和建筑业主还有很长的时间才能认识到关注环境所能产生的对市场和公共关系的益处。绿色建筑正好符合这种形势所需。所以，我们希望看到房地产公司高管对绿色化他们的建筑和设施做出郑重的承诺。Adobe公司是一个很好的例子，它是加利福尼亚州圣何塞的一个重要的软件开发公司。2006年，Adobe公司宣告它的总部大楼通过了三个LEED-EB铂金级认证。这不仅仅为公司做了免费宣传，而且由此获得的净现值是初始成本的20倍（见第十四章）[23]。

很多大型的公共和私人组织意识到实现可持续发展的使命感，开始明白他们对房地产的选择将会反映和推动这些使命。《城市土地》杂志中写到，开发商乔纳森·罗斯说“有一种对社会和环境的积极的使命感，会使房地产业的招聘和保留顶尖人才变得更加容易。相比于传统建筑，绿色建筑项目更有可能得到社会团体的支持，它们更容易获得政府机构发放的补贴、补助、税收抵免等优惠。”由此可见，制定出对环境负责的决定将会大大有益于房地产业的繁荣。[24]

绿色建筑也有利于塑造一个公司的品牌形象。消费品公司例如沃尔玛、星巴克、PNC银行或者雅达都通过使用绿色建筑改善或者维护他们的品牌形象，他们一直在朝这个方向前进。大型企业，包括那些每年都对可持续发展报告持怀疑态度的企业，它们中有1000多家开始认识到将建筑绿色化展示给员工、股东和其他相关者后所带来的巨大效益。事实上，在前文中提到过，第一个大型绿色建筑是建在零号场地，名为七个世界贸易中心的项目获得了LEED金级认证。2006年9月，纽约州长柏德基发表讲话说世界贸易中心自由塔办公楼塔2、塔3、塔4，世界贸易中心纪念馆和博物馆的设计建造将会申请 LEED 金级认证。[25]

市场中出现越来越多的具有竞争力的产品。投机的商业和居住建筑开发商逐步认识到如果能够以常规的预算建造完工，绿色建筑将在市场经济中更具竞争力。绿色建筑具有运营成本低廉和室内环境质量良好的特点，由此吸引了一大批的社会团体、民众、独立的买家和房客。绿色不仅仅取代了房地产属性中的价格、地理位置和常规舒适度等内容，而且绿色元素对租赁空间、购买物业和房产的选择将产生越来越大的影响。在芝加哥和亚特兰大，开发商利用申请 LEED-CS 评估体系认证获得的提前授权许可吸引房客和融资，以建设高层办公塔楼。前面曾提到亚特兰大海因斯的 1180 棵核桃树项目，这个工程获得了 2006 年工业和写字楼物业协会颁发的绿色发展奖。[26]

招聘和留住人才的效益

绿色建筑很容易被忽视的一方面是它对人们有兴趣加入某个机构并长期留在那里具有的影响力。失去一个优秀员工的损失在 50000~150000 美元，大部分的组织机构发现每年的人员调整率在 10%~20%，其中通常多多少少有些人才是不希望流失的。在这些离职的人中，有些员工并不仅仅是因为老板的压榨，更是因为极差的工作环境。在一个 200 人的工作室，这个人员调整率意味着每年有 20~40 人的调换。如果一个绿色建筑能够把这个人员调整率降低 5%，例如在 20~40 人中减少 1~2 人。单独来看，保留住一个员工或者两个员工的价值是 5~30 万美元，这足够支付一个建筑申请认证所需的费用。一个专业服务公司针对一个法律公司举例，如果失去一个优秀的律师，通常每年损失 40 万美元，其中包括公司 25 万美元的毛利润；由此可见，留住律师能获得的收益总额超过投资在绿色建筑或者绿色住宅改造项目上的额外成本。为员工创造一个健康的工作环境，由此表达出公司对他们健康的关心，这种行为在员工心里会产生怎样的影响？

表 3.3 证实了美国经济所需的人才短缺情况日益严重。由于劳动人口老龄化，到 2014 年 35~44 岁这个年龄阶段的人数将会比 2005 年减少 260 万人，其中大部分人是原先组织机构中的领导层：经理、行政主管、有经验的雇员、高级技工等，通常是位于事业顶峰的人群。留住这些人将会加重企业负担，使创造力受限且占用大量资源。绿色建筑能够证明公司、组织机构和重要的雇员分享着共同的价值。在一个租用或者拥有绿色建筑的公司工作，雇员能够找到他们长期留在这个公司工作的理由。

绿色建筑项目融资

无论你是一个个体开发商或者一个非营利学校或者一个组织机构，募集项目资金始终是一个大问题。对于个体开发商，募集债务和股权资本都是重大挑战。为了奖励建造绿色建筑的开发商，提高了社会责任财产的投资。例如，2006年俄勒冈州波特兰的一个大型物业开发商，杰丁埃德伦发展公司，投资了将近10亿美元建设一系列新项目。这个公司具有很强的意愿，承诺每个新建建筑至少通过LEED银级认证。[27]

投资绿色建筑被认为是一种具有社会责任意识的投资方式，开始吸引相当多的关注，作为一种全新的投资实践而快速发展起来。"我们已经看到第一笔公共房地产投资基金拨给了绿色房地产业。"亚利桑那大学的加里·皮沃教授这样说。"但是直到这种基金创立，还有一些其他选择值得考虑。其中一个方式是要求公司对具有能源之星标记的建筑持有股份，或者是他们对自然环境的保护工作得到能源之星的认可。"[28]

公开交易的房地产投资信托基金投资在至少具有一定级别的绿色建筑中，自由财产信托和公司办公室财产信托都促使LEED银级认证的建筑首先满足社会住户可推测的舒适度要求。他们说投资绿色建筑是一种聪明的选择，因为绿色建筑的运营更廉价，出租速度更快，吸引更高素质的房客。

劳动力年龄情况 **表3.3**

年龄组	2005*	2014（预测）	变化
25–34	32.5	36.8	+4.2
35–44	35.9	33.3	–2.6
45–54	34.2	35.5	+1.3
55及以上	24.1	34.3	+10.2

*所有数据以百万计算
来源：劳工统计局，投资者商业日报，2007年3月6日，P1.

318哨兵车道就是科普特绿色工程的一个典型实例，该项目位于马里兰州安纳波利斯路口处国家商务公园里，获得了2005年的NAIOP绿色发展奖。这是一个四层125000平方英尺的办公建筑，在建造完成前就已经全部租出去了。科普特公司准备申请LEED-CS认证，这个项目是计划建设的12个项目之一。最后它获得了LEED金级认证。跟它类似的一个项目是304哨兵车道，也获得了LEED银级别认证。318哨兵车道项目中加入了租户设计和建设方针，以便推动租户参与的绿色实践，有利于通过LEED-CI认证。

318 哨兵车道项目中每平方英尺能获得 2.84 美元的绿色建造奖金，且每年每平方英尺能节省 70 美分的能源消耗。据公司的分析显示，在六个月内就可以获得投资收益，建造绿色建筑的额外费用都可以从节省的能源费用、减少的废物成本、暴雨水的管理成本（区域发展）和其他的绿色设施中抵消。[29]

2006 年，纽约开发商杰弗森·罗斯开创了玫瑰智能成长投资基金用来投资绿色建筑项目。他用 1 亿美元收购了轨道交通附近的物业有限公司。开发商准备将这些物业绿色化，进行长期的投资。[30] 通过对换乘中心的发展建设，扶持使用轨道公共交通提高效益节约能源。

这个基金会的第一个项目是在华盛顿州的西雅图市中心：对一个 20 世纪 20 年代的名为约瑟夫万斯和斯特林的建筑重新整修，建筑总面积 12 万平方英尺，首层是零售，楼上是办公。[31] 据开发商透露，购买这个办公建筑花费了 2350 万美元，而为了提高能源效率改善环境质量，又投入了 350 万美元进行绿色化整修。据基金会说，对这些建筑重新改造，并贴上了“最环保最健康的历史建筑”标签，增加了市场对这个建筑的关注，吸引和留住了租户。

对于非营利的和私营的大学，资金问题各不相同。他们依靠社会个人的捐赠去投资建设新建筑。很多非营利的机构对老建筑进行绿色化整修，以此吸引社会投资。在俄勒冈州的波特兰，有一个名为“生态信任者”的组织，就获得了一大笔的私人捐赠款项，将一座具有 100 年历史的两层砖结构仓库建筑改造成了底层零售、上面两层办公的面积 70000 平方英尺的现代建筑。2001 年开业的简·沃勒姆自然都市中心是美国第二个获得 LEED 金级认证的项目。[32]2003 年，美国自然资源保护委员会完成了世界上最早的一个通过 LEED 铂金级认证的项目，这个项目是加利福尼亚州圣莫尼卡的罗伯特雷德福大楼。

在未来的几年里，毋庸置疑，很多私营的大学会发现他们的绿色建筑吸引到了意料之外的捐赠。为了加快这个进程，克雷斯吉基金会的绿色建筑倡议获得超过 10 万美元给非营利组织的捐款，需要使用完整的设计过程去建造一个绿色建筑。克雷斯吉基金会为这些项目提供了一个“授予奖金”的挑战计划，并通过了 LEED 认证。到 2006 年 2 月，这个倡议获得了 64 个捐赠计划总计 414.6 万美元，平均每个项目获得捐赠资金 7 万美元。较早获得成功的项目是南卡罗来纳州格林维尔附近的弗曼大学赫尔曼·希普大楼，一个拥有 2600 名学生的文科大学。弗曼大学赫尔曼·希普大楼是美国高等教育中第一个获得 LEED 金级认证的项目。这个授予奖金的计划现在已经停止，它总计募捐到 720 万美元捐赠给 42 个非营利机构，每个捐赠平均 17.1 万美元。[33]

第四章
绿色建筑成本

了解绿色建筑所带来的成本的增加是非常重要的，因为在经济发展和国家建设中，最为重要的因素就是成本。建设绿色建筑的成本是“硬投入”，但是收益往往是“软收益”，其中包括预计的能源节约，水资源节约和生产率提高获得的收益。因此，对每个工程做一个成本效益分析，用来说服业主和开发商们接受可持续设计和申请 LEED 认证具有非常关键的作用。

绿色建筑的最大障碍就是在人们的观念中一直认为它们的成本会更高。西雅图的特纳建筑公司项目负责人吉姆·金曼说，“因为成本的原因造成的坏消息还是很多。如果你想否决一个绿色建筑项目，最简单的理由就是预期成本过高。”[1]

增加绿色建筑成本的驱动因素

如果你是业主，公共机构，私人开发商，或是房地产有限公司，你应该怎样看待你的下一个绿色建筑项目的成本？第三章介绍了绿色建筑的商业案例，它通过全方位阐述绿色建筑的优势，来评判是否值得增加额外的投资成本。但是绿色建筑的收益往往需要经过很长的时间才能展现，而资金投入是即时的，所以尽管有潜在的利益，很多人还是会试图回避任何增加成本的事。在这一章中我们将试图计算出绿色建筑的成本，以此在客户面前为它们辩护。

表 4.1 指出了一些或许会增加工程成本的因素，如建筑的绿色设计和构造做法选定。从表中对“增加成本的因素”的列举说明中你会发现，关于“一个绿色建筑的成本是多少”这个问题根本没有确切的答案。我经常告诉读者们，对于这个问题唯一确定的答案是“看情况 !”

增加绿色建筑成本的驱动因素　　表 4.1

驱动因素	可能增加的成本
1. 申请LEED认证的级别	0%用来申请LEED认证 1% –2%用来申请LEED的银级认证 5%用来申请LEED的金级认证

续表

驱动因素	可能增加的成本
2.决定申请LEED认证时，项目所处的阶段	50%的施工图完成时，工程就更加昂贵
3.项目类型	对于特定的项目类型，如科技实验室，改变既定模式是很昂贵的，如果是办公建筑就会容易很多
4.设计团队具有的可持续设计和施工的经验	每个团体都有一个"学习曲线"，设计团队对绿色建筑设计和施工的经验越丰富，成本就会越低
5.在工程中涉及的绿色技术类型	无论怎样，使用光电屋顶和绿色屋顶都会增加建筑成本。但是没有它们，设计一座通过LEED金级认证的建筑也不是不可能
6.业主对绿色建筑措施的优先权和总体策略选择的指导管理水平	如果没有决策者清晰的统筹指导，那么每个设计团队成员考虑的策略都是孤立的
7.地理位置和气候	气候条件使申请LEED特定级别认证的项目变得更加困难，例如写字楼和实验室这两种类型的建筑，因为各地的地方规范和工会都抵制变革

总的来说，建筑中绿色设计和施工造成的额外成本，一般情况下大的项目会增加1%的成本，小的项目会增加5%的成本，这取决于所采用的绿色措施。通过对美国已建成的绿色建筑案例的研究发现，高级别的可持续建筑（例如LEED银级、LEED金级、LEED铂金级）也许会增加一些附加的产权资本成本。LEED工程也会需要追加软投入（非建造成本），如附加的设计、分析、工程技术、能源模型、成立委员会和编制LEED文件的费用。例如对于一些工程来说，提供专业的服务（包括建立能源模型、成立委员会、增加设计服务、文件处理）会增加0.5%~1.5%的成本，具体成本取决于它的规模。

加利福尼亚州2003年的绿色建筑成本研究

2003年，格雷戈里·卡茨做的一项研究，第一次对绿色建筑的成本和收益进行严谨的评估。[2]第三章介绍了通过此项研究进行评价的益处。该报告中，对全国范围内33个绿色建筑项目的成本数据进行了收集绘制，研究得出的结论是，LEED认证平均增加了1.84%的工程建设成本。对于金级别认证的办公楼项目，其工程造价比同一位置建造的传统建筑高出1%~5%。表4.2显示了这一早期（2001–2003）对绿色建筑成本研究的结果。

绿色建筑的倡导者在宣扬他们的观点时常常使用词语"绿色最好"。然而，对于普遍的业主和开发商而言，是否追加成本投入取决于采取节能（有时是节水）措施后的经济回报或者投资收益。绿色建筑评价标准如LEED包含的必要

33 个 LEED 认证工程中资本投入的增加　　表 4.2

认证级别	增加的成本	工程数量
通过认证	0.66%	8
银级认证	2.11%	18
金级认证	1.82%	6
铂金级认证	6.50%	1
平均、所有认证级别	1.84%	

来源：戴维斯・兰登公司等，绿色建筑的成本和经济效益，2003
www.cap-e.com/ewebeditpro/items/O59F3303.ppt#1, accessed March 6, 2007.

条件，除了能量和水的使用还包括室内环境质量，自然采光和室外景观视野，材料的回收再利用，可持续的场地发展，因此很难用节能产生的价值来评价对绿色建筑的投资回报。

高性能建筑的财政预算案

2006 年第四季度，一个以开发为主导、符合工程标准的大项目在俄勒冈州波特兰市建设完成，这个项目暴露出这样的缺陷：更高效的性能水平必然会导致更高的资金成本投入的这个缺陷。世界上最大的工程项目俄勒冈卫生科技大学的卫生康复中心，总建筑面积 40 万平方英尺，高 16 层，耗资 1.45 亿美元，早在 2007 年就获得了绿色高层建筑 LEED 铂金级认证。开发商公布了成本增加值，扣除地方政府、州政府、联邦政府给予的优惠奖励后，项目总成本增加了 1%。[3] 把项目全权委托给综合设计和经验丰富的开发、设计和施工团队后，机械系统和电气系统的总成本大约是 350 万美元，低于一般承包商的初步概预算。同时，能源和水模型表明在未来使用中能够节省 61% 的能源，56% 的用水。换句话说，从性能角度上看，这个项目"从香槟的价格变成了啤酒的价格"。[4] 这个项目表明选择综合设计过程、有经验的开发商和有经验的设计团队的益处，就是能够使用常规的资本投入建造出高性能的建筑。

越来越多的开发商雇佣经验丰富的绿色建筑设计和建造公司，他们越来越多的要求顾问公司给出高性能的成果（没有任何理由），甚至希望绿色项目的总成本能够与缺少高性能认证的常规项目成本相同。

很多的绿色建筑措施给出了建筑最大的长远价值，例如，场地能源生产，现场雨水收集和再利用，屋顶绿化，自然采光和自然通风，而这些措施通常需要更高的成本投入。很多项目团队发现可以通过避免其他的成本而满足这些措施，例如雨水和污水接驳费用，当地公用事业给予的奖励，州的税收优惠，联邦政府的税收抵免等。

建造一个通过 LEED 认证级（或者 LEED 银级认证）的建筑而不需要追加成本，这是可能实现的，但是建筑团队为了尝试真正的可持续，经常导致成本增量的不断积累，也是真实存在的。当建筑业主或者开发商想要介绍他们的绿色建筑的时候，往往要求有昂贵的绿色措施作为例证，例如屋顶绿化、光伏发电、坚定的致力于使用绿色环保材料（如通过认证的木制品）等。

戴维斯·兰登的成本研究

随着越来越多的项目通过 LEED 认证，鉴定与 LEED 和绿色建筑相关的成本变得很容易，使得对下一个项目的成本估算也变得非常容易。特别是申请 LEED 认证，很多建筑团队和顾问公司开始懂得如何在常规建筑的预算成本下实现这些目标，从而使项目达到绿色建筑的标准变得更便宜。

2004 年，国际经济管理公司戴维斯·兰登提供了一份数据证明，通过对 94 个类型差别巨大的项目的研究，发现影响项目成本的决定性因素不是申请 LEED 认证的级别，而是其他很多常规的问题，例如建筑的计划目标，建造类型，当时的地方经济建设等。在这项研究中，编写者们得出的结论是：没有显著的统计数据证明每平方英尺绿色建筑的成本比常规建筑要高，任何一种特定的建筑类型都有很多因素影响其建造成本。[5] 2006 年底，图 4.1 中列出的一个案例，更新了这个数据。这些结果提出的其中一个建议就是希望业主和开发商给建筑设计和施工团队施加更多的压力，以督促他们达到更高的 LEED 认证级别，因为建造这些建筑事实上是为了使投入的资本产出更高的经济价值。这个研究的作者评论说“从这些分析中我们推断出很多的项目都能在他们最初的预算或者很小的资金追加下，达到可持续的设计目标。”这就建议业主们在做选择的时候，不要太在意预算，而是要找到方法实现工程的预期目标和经济价值。尽管如此，没有一个方法能够满足所有的要求。每个项目都是独特的，在测算它的成本和 LEED 可行性的时候，都需要根据具体情况具体分析。对其他类似项目进行基准测试，是很有价值的，能够获得很多信息，但是它不具有预见性。

戴维斯·兰登公司还研究了地区气候的影响，例如，在成本研究实验室。假如同一个设计同时建造在不同的城市，LEED 金级认证的项目的溢价范围是 2.7% ~ 6.3%，LEED 银级别的项目则是 1.0% ~ 3.7%。[6]

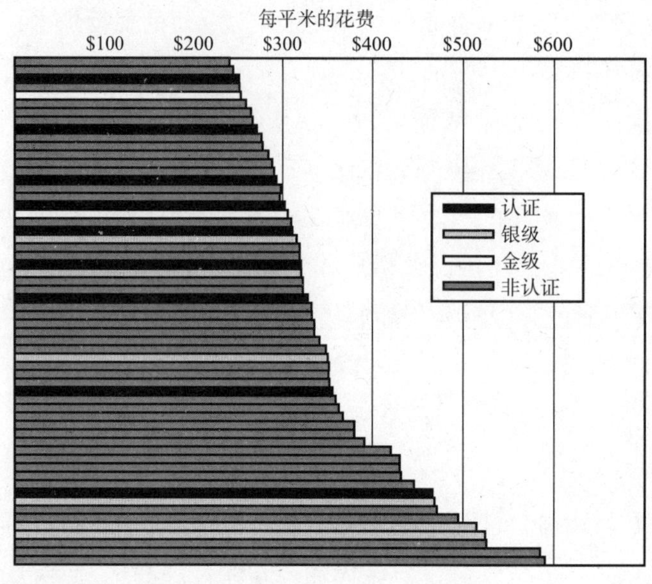

图4.1 根据戴维斯·兰登公司的研究，不是所有绿色学院建筑成本都很高。经戴维斯·兰登许可重绘。

对于业主和开发商而言，关键的成本信息是可持续需要列入计划中的一个问题。也就是说，可持续需要被列入项目的预期计划中，而不是把它当作一个附加的成本因素。这个结论不是一个简单的语言学上的问题，它是“这个建筑或者工程的目的是什么”，这个问题的关键内容。如果可持续发展不是核心目的，那么工程成本势必会变高。如果承诺可持续是必要的，那么工程成本才有可能与同类型的非绿色建筑保持在一个水平线上。

最近的一个通过 LEED 认证但没有增加成本的学术项目，表明设计和施工团队必须学习怎样在常规预算中实现建筑的高性能要求。利斯·夏普，哈佛大学绿色校园的首位管理者说：“我们投入了很大的精力，对与绿色建筑设计相关的过程进行有效管理，试图降低成本。结果，我们完成了一个通过 LEED 铂金级认证的项目，且没有增加成本。”[7]

总务管理局 2004 年的绿色建筑成本研究

2004 年，有一个对联邦政府资助的政府机构建筑申请 LEED 各个级别认证的成本的研究，包括新建建筑和改造建筑。它得出了一些与戴维斯·兰登公司相反的推论，而与 2003 年加利福尼亚州格雷戈里·卡茨的一些研究结论相类似。例如，在加利福尼亚州的分析中，一个 4000 万美元的公共建筑申请 LEED 金级认证可能需要花费 2% 的成本（80 万美元），直到通过认证。表 4.3 的数据显示了 2004 年总务管理局的研究，它详细记录了两个类型的项目，一个新的联邦法院大楼（面积26.2万平方英尺，每平方英尺概算建造成本为220美元）和另一个办公建筑改造项目（面积是30.7万平方英尺，每平方英尺概算建造成本为130美元）。那个时候，对总务管理局两个类型项目申请不同级别的LEED认证而需要增加的成本进行测算，发现申请LEED认证的成本几乎可以忽略，而申请LEED银级认证则要4%的成本，申请LEED金级认证则要8%的成本。[8]在总务管理局项目LEED成本研究中对设计和文件服务的软投入（非建造成本）也进行了测算，发现法院建筑每平方英尺的成本是40～80美分，改造的办公建筑每平方英尺的成本是35～70美分。值得注意的一点：在这些项目中增加的成本所占总成本的比例可能比在小型项目中更高。因此，每个建筑团队在对一个特别的绿色建筑措施下定义为太昂贵之前，要对项目可能导致的其他成本进行深入研究，包括从场地开发到家具及固定装置。建筑师的首要工作是在给定条件下，确定哪一种成本投资能获得最大的价值收益，和委托人、建筑业主或者开发商、施工队保持紧密联系。

2006年，戴维斯·兰登公司对130个项目进行了研究，分析得到以下结论：由优秀的设计团队设计的工程大部分本身能达到LEED认证要求中的12个评估点（通过认证需要26个评估点），采用综合设计方法只需投入很小的成本增加18个评估点就能通过LEED认证。[9]对其中60个申请LEED认证的项目进行分析发现，超过一半的项目不需要追加预算就能实现可持续的设计目标。而那些需要增加成本投入的项目，也不会超过5%，增加的资金常常用在特殊性能的提高上，大多数是在光伏发电方面。

两个原型的总务管理局的项目申请LEED认证增加的成本　表4.3

申请的LEED级别 / 建筑类型	成本增加的范围（占总成本的百分比）	
	新建法院项目	办公建筑改造项目
一般认证	-0.4%～1.0%	1.4%～2.1%
银级别认证	-0.0%～4.4%	3.1%～4.2%
金级别认证	1.4%～8.1%	7.8%～8.2%

整体设计降低绿色建筑成本

如果你咨询有经验的建筑师、工程师、开发商和施工队怎样降低绿色建筑的成本，我想他们回答的第一点就是整体的设计过程是必须的，类似于图4.2

所示。在确定最终设计之前，如果没有时间将所有相关的部分和备选方案放在一起研究，那么很有可能错失使独立体系展开复杂工作的机会。如果没有努力综合各种设计要素，例如，独立的子系统（如供热通风与空调系统）有可能得到优化，但是如果将这个系统作为一个整体考虑，有可能适得其反。[10]换句话说，为建筑换一个更高效的冷却器，可能要投入更多的成本，同时也会增加更多的能源节省。但是如果这个团队将同样数目的资金用在保护上，他们有可能获得相比于高效的空调系统 3 倍 ~ 10 倍的能源节省。

盖尔·林赛，北加利福尼亚的一个经验丰富的绿色建筑设计师，分享了她对成本管理的经验。

早期的质疑是必不可少的。我觉得最好的事情就是提出问题。例如，我最近将要去参加一个关于废弃设施项目的洽谈。客户希望老建筑改造后能够提供办公和进行公共教育的空间。在概念设计中，是建造一个新品牌建筑。但是当我到现场调查时，我注意到老建筑有很多很酷很古老的雕刻元素。我建议他们将那些旧的雕刻碎片移到外部花园里，让它们自己讲述历史。我还建议对已有建筑进行整修，改造成礼堂和公共教育中心。客户很喜欢这个建议，因为它能够帮助保留住这个地区的历史，废弃的历史遗迹，以及他们如何从曾经的错误中吸取经验教训。[11]

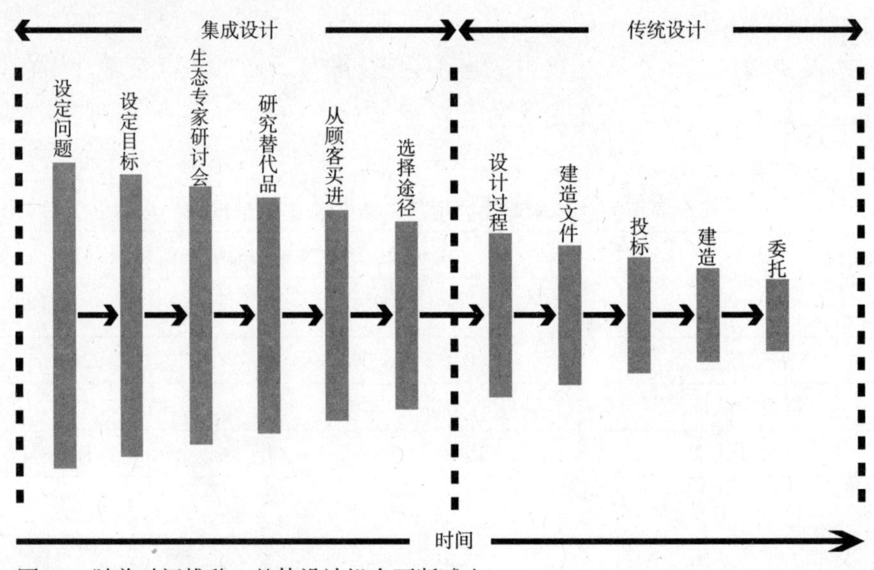

图4.2　随着时间推移，整体设计机会不断减少

这个故事告诉我们一个关于整体设计的重要教训：在正确的时间提正确的问题。整体设计遵循以下几个基本的步骤。最早的时间是项目团队在目标

设定会议上，介绍绿色建筑措施的时候。同时或者之后，项目团队必须马上召开生态专家研讨会议，综合每个人的意见选出最好的方案。再加上一个经验丰富的推动者，这个过程往往就能得出低成本、高性能的建筑设计方案。图 4.3 显示的是盖尔·林赛推动的一个公共地段项目的专家研讨会。

图4.3 盖尔·林赛在组织开放的专家研讨会议，设定项目目标和期望、检查议事日程。朱迪·金凯德摄，感谢盖尔·林赛

这个整体设计过程，特别是申请 LEED 认证的项目，通常包含以下几个步骤：

- 分析绿色建筑和 LEED 评估体系要求的相关设计任务，具体分配给设计团队的每个成员。
- 邀请一个经验丰富的绿色建筑专家进行指导和督促。
- 由机械工程师模拟关键的能源使用系统：这个过程可能包括日光照明模拟，由一个光线设计师或者电气工程师，对各种可供选择的方法的内部和生活周期成本进行模拟，创造舒适、健康和高效率的室内环境。
- 研究材料，通常由建筑师和承包商共同商定。
- 为施工团队准备绿色规范说明书。
- 检查施工进度和承包商保持密切联系，确保绿色建筑目标和措施的非折中实现。
- 在建筑施工完成之前对其进行测试，确保所有的能源使用系统符合设计意图正常运行。

- 如果申请 LEED 认证，经常会找一个特殊的绿色建筑顾问，制定绿色建筑评估要求所规定的文件说明。

以上的每个步骤都需要特定的成本投入和日程安排，如果想要把绿色建筑的成本控制在预算内，每个步骤都需要从头考虑。通常情况下，当决定申请 LEED 认证时就需要确立完善的计划。

联系到她自己的经验，宾夕法尼亚州西部丽贝卡·弗洛拉的建筑团队，匹兹堡绿色建筑联盟的行政主管，她说：对于怎样做绿色建筑项目，我们发现自己的知识还很欠缺，尤其是涉及综合设计能力。人们做这个项目获得 LEED 认证,但是他们并不必须提供最有效和高效的结果。为了帮助控制成本，首先我们要做的是帮助人们理解绿色建筑不是一个完成 LEED 评估点得分的游戏。我们要求他们回头停一会，我们问“你们认为什么是有价值的？你们觉得什么是最重要的？你们想要一个什么样的建筑？作为一个公司或者组织它是怎样涉及你个人身上的？”我们请他们首先把注意力集中在自己的价值标准上，然后重新思考怎样使用 LEED 评估体系这个工具去帮助实现这些价值和目标。我发现他们的方法经常是相反的，不是一个好方法。[12]

如果你决定建造你的第一个绿色建筑，绿色开发或者绿色改造项目，我给出的最重要的建议是：建立你的项目目标，参观其他的同类项目，学习他们的经验。邀请一个经验丰富的绿色建筑顾问帮助你管理整个建筑的进程，确保实现目标，而不是拿到分数。

第五章
绿色建筑的发展前景

2006年12月，美国最大的国际广告公司智威汤逊，发布了一张“看2007年70种流行趋势”的名单。[1]其中第七个就是“可持续建筑/绿色建筑”。这个趋势没有预测错。2006年，所有重要的商业杂志和大多数大型报纸都刊登了有关“绿色趋势”的各种文章和报道，其中很多都是谈论绿色建筑的。

2006年，沃尔玛发表声明承诺将投资5亿美元用于升级商店的能源利用效率。沃尔玛先前在科罗拉多州和得克萨斯州建成了两个实验性的绿色建筑商店。得克萨斯州奥斯汀的连锁店火光之家，经过改造修缮后获得了LEED认证。PNC银行，一个大西洋中部的大型金融机构，有将近40个部门都通过了LEED认证。遍布美国和加拿大的私营企业都开始意识到绿色对他们的建筑所产生的价值。

绿色建筑市场的增长速度

美国绿色建筑委员会最近进行了一个关于各种建设部门的市场增长预计的调查,结果见表5.1。[2]需要注意的是教育部门包括高等教育和义务教育部门。由表中数据可见发展最快的部门是那些到目前为止最活跃的教育、政府机关、各种机构和办公。其他市场部门例如健康医疗、住宅、酒店和零售依旧在发展绿色建筑的道路上摸索。但是，当星巴克发表声明计划在未来的四年里建造10000个商店，这也就距离公司发现它的顾客和雇员们都想要绿色商店这个情况不远了。[3]其他的重要零售商、连锁酒店、医疗机构和大型住宅开发商也是一样。随着这些市场部门的导向，绿色建筑革命即将开始。

预计绿色建筑每年增长率　　表5.1

市场部门	增长率
教育	65%
政府	62%
学会、机构	54%

续表

市场部门	增长率
办公室	48%
医疗	46%
居住	32%
酒店	22%
零售	20%

数据来源：绿色建筑市场报告，麦格劳希尔建造研究和分析，2007
可参考 www.construction.com/greensource/resources/smartmarket.asp.

绿色建筑的市场驱动机制

表 5.2 中分析了一些重要的趋势影响因素，有利于未来 5 年内绿色建筑的持续快速增长。

更多商业和政府投资的绿色项目

首先，商业和机构的绿色建筑市场以每年大于 50% 的速度继续增长（见图 1.2）。2006 年，累计登记申请 LEED-NC 认证的项目和项目面积增加了 50%，通过 LEED-NC 认证的项目增加了 70%。LEED 的统计数据表明商业绿色建筑和中高层居住项目一样具有可观的增长潜力（12 个或者更多的通过 LEED-NC 认证的项目都是中高层的多户型住宅，包括公寓和合租公寓）。

市场的增长趋势不断加快：随着绿色建筑项目建得越来越多，成本逐渐下降，出现了更多低成本高效益的项目，这使在选择项目建设中更倾向于绿色建筑。绿色建筑的大范围宣传对企业造成了更大的压力，指定他们的下一个建筑项目必须采用绿色设计。这些和其他很多的原因，促进绿色建筑市场从 2000 年开始呈指数增长。我认为这个趋势将一直持续到可预见的未来，至少到 2012 年。

2006 年，LEED 评估体系登记的 1100 多个新建筑项目，总计建筑面积达到 14000 万平方英尺，平均每个项目总建筑面积约 12 万平方英尺。我预测到 2010 年申请 LEED 认证的有登记的项目总数将增加三倍以上，甚至会继续以每年 25% 的比例增长直到 2012 年。[4]

绿色建筑增长的驱动力　　**表 5.2**

驱动力	预计对2012年的重要性
绿色建筑的优势导致商业项目的增加	重要的推动力：生产率提高获得的收益和使用上的节省能够轻松平衡大部分的增加成本

续表

驱动力	预计对2012年的重要性
越来越多商业和机构的绿色项目	重要：未来五年里建筑产业将从整体上发生重大的变革
2005年的能源政策法案	随着每年可再生能源的经济效益提高，使用会不断增加
新的地方政府、公共事业机构和国家政府对绿色建筑和可再生能源的税务优惠政策	重要的影响：特别是如果提供给政府和非盈利组织的益处超过私人部门
石油和天然气价格上涨	重要影响：消费者心理学的变化
“回归城市”运动的开展	一般影响：绿色建筑将在城市建设中开辟新的市场
文化模式的改变及环境友好型的生活方式	一般影响：一个长期的趋势，增加绿色住宅市场，更完善，更健康的建筑
市场上越来越多的绿色住宅刺激了需求	重要：2007年开始，居住建筑的税收高于商业及机构建筑
地方政府鼓励和批准建设绿色建筑	现在影响小，但是潜力巨大，私营企业的“绿色化”意愿
逐渐认识到建筑中碳和二氧化碳的大量排放	潜在影响：建筑节能上的投资增长巨大
企业可持续运营的压力不断增大	潜在影响：绿色办公建筑需求的积极影响
住宅市场的萧条导致开发商建设绿色建筑提高竞争力	微小影响：由于贫困顾客表达的对绿色住宅的需求

到2006年底，申请美国绿色建筑委员会四类评估体系评估的项目超过660个。通过LEED评估项目不断地增加，意味着各地的人们将会看到源源不断的关于绿色建筑的信息。我相信这些信息对激发商业绿色建筑和绿色住宅市场的活力有重大的作用，包括新建的住宅和改造的项目。

美国绿色建筑委员会相信在未来的3~5年里，绿色建筑的活力会极大地超出估算，我们正处于绿色大爆炸的极限。这种增长速度更多的属于革命而不是进化。同样，每个人都能预见到，在未来的五年里，绿色建筑的增长将会远远高于建筑产业的普遍增长速度。例如，商业建筑在2006年增长了13.5%，预测在2007年将继续以12.7%的速率增长。居住建筑（包括新建的和改造的）在2006年增长了1.8%，预测在2007年将增长7.8%。[5]

税收优惠政策

联邦能源政策和2005年保护法都加大了对居住建筑使用太阳能发电和热水系统的奖励，见表5.3。另外，法律为住宅建造者提供了每个高效用能的住宅单元2000美元的税收抵免。这个奖励政策将刺激开发商建造更多此类型的住宅。联邦政府针对太阳能光伏电池提出了一系列的奖励政策，这很有可能大大促进小型太阳能发电和屋顶太阳能热水系统的使用，同时这也是业主来显示自己积极参与环保节能的最显著的方法。加利福尼亚的政府官员阿诺德·施瓦辛格的太阳能倡议，开创了加利福尼亚州的太阳能产业，并逐渐发展成为全美最大的太阳能市场。另外，2007年新墨西哥通过了一条重要的绿色建筑税务抵免法令，俄勒冈甚至规定太阳能能源系统享受35%的税务抵免。

2005年国家能源政策法案：有关绿色商业建筑的主要条款　　表5.3

影响技术	减免税收
太阳能光伏电池	30%（居住补助最高限是$2,000）
太阳能热水系统	30%（居住补助最高限是$2,000）
微型燃气轮机	10%（最高$200/kW）
供热通风与空调工程、外墙保温，日光照明、热水系统的节能投资	每平方英尺1.80美元（如果按照美国采暖、制冷与空调工程师学会90.1–2001年标准节约超过50%可减免的联邦政府税收）；仅照明改造高达每平方英尺0.60美元
按照标准规范节能效率50%以上的新住宅	场地自建房补助$2,000

石油和天然气价格上涨

到2007年，石油价格每桶长期在50～60美元以上，这种情况第一次改变了顾客和销售者的心理。能源的新现实就是销售者的市场，随着新油田越来越难被发现和开采，价格会继续攀升。电能和天然气价格的升高，必然导致生活所需的能源使用成本也提高，然后，人们就会更有兴趣进行节能投资。

事实上，这种转变已经发生了。例如，对2003年西雅图地区金·斯密斯·马斯特建筑商协会的市场研究中发现，在当前能源价格上涨之前，购房者就有意愿多付1%的费用（25万美元的住宅追加2500美元）来购买新的高效节能住宅。到2007年，25万美元的住宅需要增加的费用将近5000美元，但是人们的意愿反而更加强烈，特别是意识到全球变暖的危机，降低温室气体的排放成了一种责任之后。

回归城市运动

在过去的40年里，美国经历了人类历史上崭新的发展阶段——脑力劳动发达的时代。2002年，[6]这种“创意阶层”首次被佛罗里达州的理查德写入了编年史，他们具有改变美国人口结构的潜能，就像二战之后莱维敦地区和郊区生活模式的戏剧性崛起。

创意阶层和婴儿潮的增长趋势重构了这个世界排名前30的大都市。它们需要便利的交通，需要舒适的城市生活，而不是每天坐几小时的车只为了能在周六的时候享受乡村生活。这种趋势在亚特兰大、芝加哥、波士顿、纽约、波特兰、西雅图和旧金山早就很明显。

婴儿潮和创意阶层是美国消费者市场中追求健康和可持续生活方式的典型代表，在美国人口中约占30%。[7]乐活族（Lifestyles of health and sustainability简称LOHAS）中60%是女性，她们关心健康、环境、个人发展和可持续的生活方式。而大都市地区吸引她们的原因也是这里有更多经验丰富的建造者，他们知道绿色住宅、大厦、公寓的需求。

这种趋势将会引导建设更多的高效住宅和改造已有的城市景观。这一代人的回归城市运动将会带来更多有辨别能力的顾客，他们了解绿色产品与普通住宅公寓的巨大差异，这将对建造者提出新的建设方向。继续生活在已有住宅中的人则想把住宅升级为高效型，既节省未来的水电费，又表达了他们对控制全球变暖和环境保护的强烈意识。

市场上越来越多的绿色住宅

致力于太阳能利用和环境保护的绿色住宅建设不断增长，其中主要增长地区包括佛罗里达、加利福尼亚和其他的阳光地带，这给了开发商极大的信心，使用常规预算开发高性能绿色项目。圣地亚哥的谢伊院住宅就是一个很好的案例。2001年，美国前十大开发商之一的谢伊院开发了一系列能源保护和太阳能利用的项目。他们新的生产线即高性能住宅，满足能源之星住宅的要求，也就是说这种住宅的制冷和热水系统耗能比2004年国际住宅规范标准中对类似项目的规定还少15%[8]（2006年，将近有175000所新住宅通过了能源之星的认证）。[9]高性能住宅安装了先进设备，包括屋顶辐射屏蔽系统可以将阁楼上的热量反射出去，以及热力膨胀阀，能够改善供热通风与空调工程的性能。除了这些提高能效的措施，这些住宅中还包含了被动式太阳能热水系统和太阳能光伏发电。[10]

住宅的LEED评估体系，还处在试验性阶段或者说还是测试版，通过对300个项目、6000个住宅的研究，将在2007年秋季制定出标准版本。随着新建建筑的LEED评估体系建设成功和对LEED品牌不断增加的肯定，住宅的LEED评估体系制定将会对2008~2010年的住宅市场产生重大的影响。其他的地方项目，例如建筑师建造的绿色科罗拉多（获准在七个州成立建筑商协会）和地方公益项目，全国住宅建筑商协会的自愿认证计划，都推动了高效新住宅市场的快速发展。

地方政府的鼓励政策

很多城市都签名支持气候变化倡议，要求在住宅建筑开发中建造绿色建筑，特别是大型附带重要基础设施的开发项目。2006 年，华盛顿要求所有面积超过 5 万平方英尺的新建商业建筑，到 2009 年必须满足 LEED 标准。同年，波士顿也发表声明将绿色建筑标准写入建筑规范。这些针对商业建筑制定的要求和管理政策在未来的五年里扩展到了住宅建筑市场。在 2004~2006 年间，很多州政府、大型学校和城市开始要求他们自己的建筑项目通过 LEED 银级认证。住宅建设者自愿申请认证的项目不断增加，例如全国住宅建筑商协会的绿色住宅实验项目和各种公益项目，这些行动成为应对州和城市立法行动的一种方法。在未来的五年里，绿色建筑趋势锐不可挡，这些努力不会成为徒劳。

二氧化碳排放和全球变暖的加剧

美国环境保护机构的能源之星项目也是用于推动高效、零净能源和中性碳建筑建设。通过综合设计和创新的技术手段，我们将会发现节能 50% 或者耗能远低于 2006 年水平的建筑变得常规。

随着对二氧化碳排放、建筑建造及城市居住模式影响全球变暖的认识不断增强，建筑师和其他设计施工人员开始提出积极的行动。其中一个标志就是美国建筑学会采取的立场申明，号召到 2010 年建筑能源消耗最少降低 50%。[11] 在它的申明中，美国建筑学会表示支持“开发和使用评估系统及标准促进建筑设计和施工”，建造更多的资源节约型社区。

令人惊讶的是，2006 年和 2007 年出现了一个新的非盈利组织“2030 年的建筑”号召节能，这对未来五年的住宅建设产生了深远影响。[12] 首次对大型的住宅建筑和商业建筑的二氧化碳排放量进行测算，著名的建筑师爱华德·玛丽亚建立了“Architecture 2030”，组织讨论怎样将绿色建筑这个美好的想法贯彻实施下去。在他的影响下，整个建筑界开始关注能源效率，绿色建筑不再是新建建筑和改造建筑时众多选择中的一个，而是作为“前提和中心”必须优先保证。通过建筑业界核心成员的合作，Architecture 2030 发行了刊物《2030 年的挑战》，提出了策略准则指导建筑节能设计，力图到 2030 年能源使用能够在 2003 年基础上减少 90%。第一步要实现的目标是新建建筑相比于

2003 年平均耗能降低 50%。到 2007 年中，美国市长会议和美国建筑师学会正式通过了这些准则。

企业可持续运作的管理压力

需要承担社会性责任的活动不断增加，以致上市公司、主要的商业开发和住宅建筑商压力很大。例如，为了获取项目批准、建设和出售，企业不得不建设绿色建筑。为了招募顶级人才、提高产值和利润，绿色建筑成为一个公司可持续发展的不可缺少的一部分。

住宅建筑商中的前 10 名，占有全国新建住宅数量的 25% 以上。[13] 寻找企业管治和对社会负责的投资运动对这些大型住宅建筑商策划、设计和市场营销产生了一定影响。越来越多的资本流入了对社会负责的房地产投资基金，而这些将会从绿色建筑的构想、开发、出租和销售中获得回报。

绿色住宅的竞争优势

由于 2006 年和 2007 年住宅建筑市场的低迷，且可能会持续好几年的趋势，很多的开发商开始把目标转向了建造绿色住宅，试图寻找一个不同的切入点，与不断增长的受过高等教育的、具有社会责任意识的、关心环境的消费群体取得共鸣。

出于经济性和社会责任的考虑，人们早就已经接受了低能耗住宅模式。主要的住宅建造商很快就会转变他们的模式去建设高效住宅，并申请权威机构的认证。其中强有力的证据就是，2006 年有 174000 个独立的家庭居住单元获得了能源之星住宅的认证，全国 12% 的个人建造住宅也开始启动。[14]

大趋势

减少建筑行业的二氧化碳排放量是阻止全球变暖的关键。建筑的高效设计和运行，辅以场地可再生能源使用，是美国人减少其生态足迹应对挑战的重要办法。

图 5.1 展示了从现在到 2050 年在两种不同情况下二氧化碳排放量的分歧："照常发展"和强烈减少碳排放。根据京都议定书的规定，要努力将碳排放量控制在 1990 年的水平，这样才能使大气中二氧化碳的浓度稳定下来，而其中绿色建筑发挥的重要作用不言而喻。

吉姆·布劳顿是休斯敦一个为建筑、发电和工业过程制造提高能效的设备的工厂业务经理。从他的角度看，他说地产控股将会造成千变万化的未来局势。

如果业主不建造或者不改造低能耗建筑，不只是能源效益低，而且随着能源成本的提高，建筑的资产价值将受到重创。建筑产业要对全国二氧化碳排放量的 40% 负责，这是由建筑用电需求导致的。认识到这个事实，二氧化碳排放管理主要是针对能源生产者，相反的，促进建筑业主节能，将能源价格与建筑物的碳足迹联系起来。在降低能源消耗的现行税收优惠政策中，监管机构很有可能考虑加入一吨碳排放税，借此来鼓励对高耗能建筑进行节能改造。随着业主和物业管理逐渐认识到对二氧化碳排放进行管理变得可能，而建筑又是首要的管理对象，已有建筑的节能改造将会以惊人的速度进行。[15]

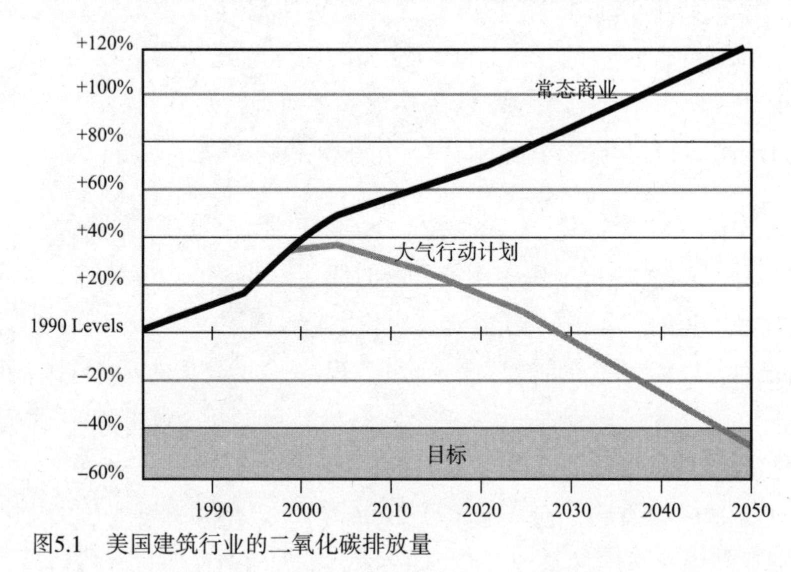

图5.1　美国建筑行业的二氧化碳排放量

绿色建筑和绿色开发面临的障碍

即使到现在，绿色建筑技术、工艺和系统的全面推广运用依然存在着阻碍，部分原因是缺乏实际生活经验，另外就是建筑产业始终存在着绿色建筑需要增加额外成本的观念（详见第四章）。建筑工程公司、咨询公司、开发商、建筑业主、企业业主和教育机构的高级管理人员代表都对绿色建筑的收益和成本持消极态度，原因体现在 2005 年的绿色建筑市场晴雨表，详见第三章中的调查。[16]2006 年进行的另一个建筑产业调查，也证明了类似的情况。[17]

对 872 个建筑业主和开发商进行调查得出：

57% 的人认为很难判定绿色建筑初期的成本投资

56% 的人认为绿色建筑明显增加了初期成本投资

52% 的人认为市场不会对绿色建筑的额外投入报以相应的收益回报

36% 的人认为申请认证过程过于复杂，尤其是需要很多的书面工作

30% 的人认为市场并不欢迎新理念和新技术

只有 14% 的人认为可持续设计并不是房地产市场发展的障碍

吉姆·金曼是西雅图特纳建筑公司的项目管理人，也是全国 LEED-NC 评估委员会的联合主席。在过去的七年里，他在绿色建筑革命中发挥着先驱作用，为政府机构和商业建筑业主主持绿色项目。吉姆·金曼说："在个人工作中，最大的障碍是开发商和住户之间的利益分配不均。"开发商投入了钱，但住户反而是最大的受益者。"另一大障碍是建筑周期内的时间需求量，在设计阶段，业主不是必须委托进行绿色设计；因为综合设计需要投入很多时间找到最理想的解决方案。"但是能给的时间往往很少。金曼说成本始终是一个障碍——包括施工成本和研究绿色策略申请项目认证的服务成本。尽管如此，他还是认为在未来的五年中，绿色建筑将遍布世界。[18]

绿色建筑的推动力

对建筑业主而言建造绿色建筑最主要的原因（动因）如表 5.4 所示。[19] 从这个表中，很容易发现业主最主要的动力是降低能源成本。意识到电能、石油、天然气成本的不断提高，我们希望更多的建筑业主和开发商鼓励他们的设计团队建造节能的建筑，比 LEED2.2 版建立的美国热、冷冻和空调工程师协会 90.1-2004 标准还要节能 30% 或者更多。

建筑业主选择绿色建筑的动因 **表 5.4**

核心问题	业主关注问题的百分比
能源成本增加/公用事业回扣	74%
实现优越的节能性能	68%
更低的生命周期运营成本	64%
积极的环境影响	60%
获得LEED认证更加容易	54%
确保竞争优势	53%
符合政府规范	53%
保证生产效率收益	53%

来源：绿色教育建筑市场调查报告，麦格·劳希尔，建设研究与分析，2007
www.construction.com/greensource/resources/smartmarket.Asp

我预测，在未来几年里确保竞争优势和争取优秀的投资者会成为最重要

的考虑因素。就像海恩斯·杰瑞说的："这是我们第一次建立关于绿色建筑的投资基金。之前，我们与投资商洽谈咨询是否能够参加这个基金。2006年，我们曾投资12300万美元创立了加州公务员退休基金。这个基金设立非常成功，所以我们相信这次的绿色基金也会成功。"[20]

超越 LEED

绿色建筑产业的主导趋势开始转变，在满足LEED要求之外，更多地关注建筑物和邻里关系的恢复及再生，实现自我发电供电和水资源循环再利用，恢复栖息地，在一些地区，恢复使用天然河道排水方式。[21]很多这种项目成功使用可再生能源系统达到了预期目标。到2008年底，太阳能税务抵免政策（2005年能源政策法案包含的内容）为很多项目提供了便利，比如光伏发电一体化、太阳能热水系统和很多类似的使用"免费"现场资源方法的应用。[22]

超越LEED的价值，建筑师盖尔·林赛说："很多绿色开发依旧处于基本水平。它们现在的实际情况只是减少了对环境的破坏，或者是试图减缓损害。而我们需要的是达到恢复和再生的水平，最终改善原有的城市环境。"[23]例如卡斯凯迪亚绿色建筑协会的居住建筑挑战项目，就是为了鼓励建筑师和工程师勇于探索，设计对生态环境影响最小的建筑。[24]

美国绿色建筑委员会计划到2008年对LEED体系进行大规模的改动，因为它的主要着眼点在减少建筑二氧化碳排放的内容上,而现在要从"一体适用"体系转向对当地环境负责和关注能源使用现状，需要对建筑系统和建筑材料的全生命周期进行严格评估。我不是希望LEED评估体系消失，而是希望它变得更加灵活，制定建筑规范和标准的时候能够结合建筑师、工程师和建造者进行考虑，让评估体系更加切合实际。那样，美国绿色建筑委员会对建筑产业市场转型的规划将会很快实现。

第六章 全球绿色建筑革命

LEED 评估体系的迅速发展和广泛使用，使美国在全球绿色建筑产业发展中占据领先地位，很多欧洲国家在过去十年中一直使用的是绿色建筑评估工具。其他的国家也在大力发展本国的绿色建筑评估体系，都对建筑产业革命产生了深远的影响。

欧洲的评估工具包括欧盟的 BREEAM 评估体系，[1] 它已经认证了成千上万的建筑项目，[2]GB 评估体系，是由加拿大自然资源部开发，属于联邦政府机构所有的一种评估工具。绿色建筑革命在欧洲掀起一股风潮。大多数的绿色建筑评估工具都是政府和研究型大学的产品，所以评估工具和建筑师、工程师的实际操作之间存在着一定的分歧。

LEED 体系特别强大的地方在于它是各行各业团结协作的成果，包括不同的奖励政策、动机、建筑行业从业人员的专业词汇、政府机构、大量的环保公益组织，例如美国自然资源保护委员会。和其他评估工具相比，LEED 是可持续设计的先导，贯彻项目设计和施工的全过程，适用于建筑师、工程师、承包商、建筑业主和开发商。

世界上其他国家也都有各自的评估体系，例如澳大利亚有很受欢迎的绿色之星等级评定制度，日本有 CASBEE，加拿大有自己的 LEED 版本。加拿大和印度都是得到美国绿色建筑委员会许可后，将 LEED 评估体系与本国的实际情况结合，制定出自己的 LEED 评估体系的。[3]

各国（或地区）绿色建筑发展状况

表 6.1 显示了绿色建筑在 8 个国家或地区的活跃情况，等级划分是根据很多的变量综合统计得出的，包括绿色建筑建设活动开始的日期，政府承诺，产业联盟强化，公司业务的承诺，世界绿色建筑委员会成员数，可行的绿色建筑评估体系，绿色建筑的数量和短期内绿色建筑的增长前景。得分越高意味着该国家或地区的绿色建筑活跃程度越高。无论如何，它让我们看到了美国绿色建筑革命在全世界的影响图谱。

绿色建筑在以下几个国家或地区的活跃情况　　表 6.1

国家或地区	等级/得分
美国	59
中国香港	57
中国台湾	55
中国	49
澳大利亚	47
新西兰/阿拉伯联合酋长国	45
印度	44

来源：澳大利亚贸易委员会，澳大利亚政府高级贸易顾问伊丽莎白·戈登，悉尼绿色城市会议上所作报告，2007年2月

世界绿色建筑委员会

在全球范围内，对LEED评估体系进行指导管理的世界绿色建筑委员会，简称worldGBC，[4]是由美国绿色建筑委员会创始人之一的大卫·戈特弗里德于1999年建立。现在，worldGBC的成员国包括美国和加拿大等十个国家，它是在世界范围内收集绿色建筑信息的一个组织。

2007年，蒙特利尔斯丹塔克咨询公司的凯文·海兹担任世界绿色建筑委员会的主席。他说过去几年里，气候变化被提上日程，间接地推动了绿色建筑政策制定和商业实践。海兹说绿色建筑阻力减小了，二氧化碳排放对气候变化的影响也逐步为公众所知。随着因为绿色建筑设计的改进和信息交流反馈的便捷，成本也不再是很大的障碍。海兹相信“主要的阻力还是我们面对的问题的大小以及建筑产业具不具备解决它的能力”。[5]结果，他认为全球性的开放策略是那些注重评估工具自身的性能、推动绿色建筑进入建筑行业的速度和迅速做出“规模”回应能力的策略。

在很多国家，世界绿色建筑委员会的成立成为一种催化剂。根据它的行政主管休斯敦·尤班克，一个美国蒙特利尔的建筑师说“世界绿色建筑委员会最主要的工作就是提供相关信息和精神支持。我们提供了一个路线图，用大量的优秀经验，详细介绍了怎样成功建立一个国家绿色建筑委员会的一连串步骤。”尤班克认为，每个国家都是独特的，在绿色建筑运动中都拥有自己的催化剂。

在马来西亚的绿色建筑革命中，政府发挥了很大的作用，刚开始是因为

一个全新的医院建筑具有很严重的室内空气质量问题。这基本上属于一个很简单的项目，医院还没有对外开放，建筑系统也没有开始运行，所以大量的霉菌滋生。在这个问题上，需要国家重视，但是对政府而言这又很尴尬。在马来西亚，原本就有节能、节水管理部门，所以室内空气质量问题是导致他们选择绿色建筑的主要原因。在成立委员会的过程中，他们认识到委员会是增强现有成果的协同效应和知名度的好方法。[6]

加拿大

因为加拿大毗邻美国，在建筑和工程服务上与美国进行强大的跨边界贸易，所以加拿大至今一直在发展国内绿色建筑行业。2007 年初，加拿大的绿色建筑委员会已经超过 1300 人，比美国绿色建筑委员会的会员还要多。60% 以上的会员都是来自不列颠哥伦比亚省和安大略省。[7]不列颠哥伦比亚省是很早采用绿色建筑标准的地方；例如，2004 年温哥华发布了一条政策：所有公共建筑都要通过 LEED 金级认证。它是北美第一个对自己的建筑采用高标准的自治市。

截至 2007 年初，有超过 420 个项目登记申请加拿大 LEED 或者 BCLEED, 不列颠哥伦比亚省的地方标准。据统计加拿大有 1/10 的美国人口，这也比较接近美国的相对水平。在加拿大 LEED 出现之前，有 17 个 LEED-NC 项目认证使用的是美国标准。截止到 2007 年 3 月，已经有 60 多个项目通过了美国 LEED 或者加拿大 LEED 认证，包括第一个通过加拿大 LEED 铂金级认证的项目，位于国家公园保护区的面积 116000 平方英尺的海湾群岛操作中心。这个项目中使用的是基于海洋的地热供暖系统：将海水注入建筑中，通过热交换器，用热泵提取，提高可用的热能用于加热建筑。光伏电池每年提供建筑能耗的 20%。这个操作中心的设计目标是建筑每年耗能是同类建筑的 25%。[8]

从长远来看，加拿大绿色建筑的主要推动力可能是联邦和地方对于降低加拿大温室气体排放量的政策，加拿大绿色建筑委员会的行政主管托马斯·米勒的报告中这样指出。[9]他说绿色建筑的阻力包括较高的建造成本和欠缺怎样在常规预算下建设绿色建筑的产业知识，以及缺乏绿色建筑市场的准确数据，和一些体制性障碍，例如建筑规范和地方性法规。在加拿大，不列颠哥伦比亚省是绿色建筑市场的领导者，但是安大略省也在快速追赶中，亚伯达省居第三位。

2006年一项关于加拿大住房抵押的国际研究中，“可持续发展建筑的政府措施”[10]表明在欧洲和亚洲的绿色建筑运动中，国家政府发挥着领导作用，而在北美则是市政非盈利组织和私人部门主导。近几年无论在何地，国家能源优先、控制二氧化碳排放量和水资源合理利用都是国家战略方针。这项研究发现加拿大广泛的行业都已经滞后了，虽然很多自治市和开发项目也在实践绿色设计。用人均二氧化碳排放量作为一个效率评价指标，可以发现加拿大、美国和澳大利亚温室气体排放比欧洲国家更多，所以它们都需要继续探讨怎样提高能源效率。

图6.1 兰力·弗兰克建筑设计公司设计的不列颠哥伦比亚省海湾群岛操作中心获得了加拿大LEED铂金级认证。图片来自 dereklepper.com, 感谢兰力·弗兰克建筑设计公司。

中国

中国和印度，是绿色建筑产业两个最大的潜在市场，现在都忙于开发自己的评价绿色建筑的方法。2005年3月，我参加了中国第一届智能与绿色建筑国际会议，会议在北京召开，共有1500名代表到场参加。作为2008年北京夏季奥运会的主办国，中国快速建设了一系列的大型绿色建筑，这大大刺激了地方建筑市场研究可持续设计和绿色建筑，并尽可能快的投入建设。在此次智能与绿色建筑国际会议中，我了解到中国目前正重点研究建筑的能源效率。随着中国能源使用的飞速增长，且发电量的增长难以满足用电需求的增长，中国政府选择了提高建筑能源效率降低能耗的绿色建筑作为节能的首要方法。在大城市，例如上海和香港，很多外企都对绿色建筑的益处评价很高，有一些办公空间开发商开始让中国项目申请美国 LEED 标准。[11]

一个重要的 300 万人口的新城市，将被设计成世界上第一个“零净能源”城镇。这个项目名为东滩生态城，与上海相邻，位于长江入海口的崇明岛上，是一个很好的可持续城镇规划范例。此项目是由上海产业投资公司和奥雅纳国际规划工程公司合作开发的，目前东滩生态城还处于规划阶段。在第一阶段，设计为 1500 英亩土地 50000 人居住，其中 54% 为居住用地，46% 为商业和工业开发用地。

规划的目标主要在以下方面：收集和净化水资源，达到无额外排放，推进生态合理的废物管理和回收利用，减少垃圾填埋导致的环境污染，开发热电联产系统实现对可再生能源的利用，例如太阳能、风能和生物质能，生产清洁可靠的能源。[12] 如果所有提议的措施和系统都被采用，规划师希望能减弱东滩的生态足迹到上海的 1/3。[13] 水资源消耗减少 43%，废水回收再利用能达到 88%。能源消耗量减少 64%，消除电力生产过程中的排放量，每年减少 35 万吨的二氧化碳排放量。建设一个紧凑型城市，大量使用公共交通且减少日常出行量，每年就可以减少 40 万吨的因为交通导致的二氧化碳排放量。中国其他的可持续社区设计包括沿海 Silo 城（沿海集团），当代 MOMA（当代节能置业公司）和 2008 年的奥运村项目（国安投资开发公司）。

绿色建筑咨询公司 EMSI，总部设在华盛顿，2001 年进入中国，至今已投资建设 25 个以上的商业绿色建筑和可持续住区项目。EMSI 的主席肯尼斯·兰格，指出 LEED 评估体系提供了最大的国际认可，任何一个房地产开发商和跨国公司都可以用它对中国的项目进行绿色建筑认证。[14]

兰格报告中说中国的绿色建筑运动还处于早期，2004 年才出现第一个获得 LEED 认证的项目。他指出，在主要的城市，申请认证的项目都是大型的标志性的建筑，绿色建筑服务在财富 500 强企业中的需求发展很快，例如通用电气、陶氏化学（研发中心）、奥的斯电梯、特灵、江森自控、英特菲斯、缤特力以及中国最大的零售商家乐福。对中国办公建筑中的投机开发商而言，主要的推动力是公共关系和销售利益，能够帮助他们确保国际企业租赁。中国深圳的弗雷泽酒店式公寓，就是这样的一个项目，它是第一个获得 LEED 认证的项目（LEED-NC 银级认证），见图 6.2。

兰格认为绿色开发的障碍有些是因为缺少技术支持，不了解实力强大的众多设计机构（公共公司）是怎样建设建筑物和工程的，怎样强烈关注尽可能地降低初始成本投入，怎样处理绿色建筑技术和材料的缺乏。2006年，中国中央政府发布了第一个国家绿色建筑评估体系草案，成立了国家绿色建筑委员会。期望这些开发能够刺激中国绿色建筑的需求，兰格预计到2012年，新建商业建筑市场中将会有2%的绿色建筑。在2005~2015年之间，全世界将近一半的新建建筑都会建在中国，所以2%的绿色建筑比例也将是巨大的。[15]

图6.2 深圳弗雷泽酒店式公寓，中国第一个获得美国建筑委员会LEED认证的建筑项目。资料由EMSI提供。

印度

2004年，印度建成了世界上第一个通过LEED铂金级认证的建筑项目，位于海德拉巴的面积20000平方英尺的CII–Sohrabji Godrej绿色商务中心，印度绿色建筑委员会的总部。2007年，印度绿色建筑委员会发表声明，建立了自己国家的评估体系，是在美国绿色建筑委员会的许可下参考了LEED。印度的评估体系是和印度产业联合委员会合作共同开发的。[16]

美国绿色建筑顾问卡·威廉斯为印度绿色建筑运动工作了很多年。她表示印度的绿色建筑“处于认识阶段。如果你看一下发展过程，就会知道认识是第一个阶段。当印度主席为印度商务中心——第一个绿色铂金级认证建筑揭幕时，备受瞩目。在美国，政府对绿色建筑的支持已经持续了10年，且在这之前就开始提倡能源效率和能源规范开发。然后，绿色建筑终于越来越受重视。美国政府做的所有工作，终于获得了回报。但是对印度的普通公众，绿色建筑还是处于早期的认识阶段。”[17]

在印度，产业处于领导地位。据威廉斯所说“印度产业联合委员会是提倡和推动可持续发展的发动组织。这里集合了所有的大型产业，底下有4000家大公司。政府已经表示了支持，但是具体的领导者还是从产业中产生。他们在海德拉巴成立了绿色建筑委员会，建立了绿色商务中心。”

从2005年底的400万平方英尺到2008年底，印度绿色建筑委员会开发了1000万平方英尺的绿色建筑项目。[18]如果假设每个项目平均10万平方英尺，就意味着2008年开发了100个建筑，而2008年仅增加了45个。委员会的目标是在2010～2012年间，每年建设100个这样的建筑。2007年1月1日，“印度LEED”评估工具成为国家官方标准。

澳大利亚

2007年初，绿色城市会议在澳大利亚悉尼开幕，主办方是澳大利亚绿色建筑委员会和澳大利亚国有财产局，代表了该国发展最强的产业。[19]在绿色城市会议中，让我非常感兴趣的是推动绿色建筑的发展来解决国家即将到来的能源短缺和水资源紧缺这个议题。

澳大利亚会议吸引了900多位设计、建造、开发产业的代表，到场人数可与美国绿色建筑委员会2006年11月在丹佛召开的绿色建造年鉴会议相匹敌。[20]澳大利亚绿色建筑委员会采用了一个类似LEED的评估系统，名为“绿色之星”，分为1~6六个星级。三个特别的项目分别获得了五星级绿色之星认证，是位于悉尼邦德的商业办公楼。最早获得六星级绿色之星的建筑项目都位于墨尔本：两个委员会之家，墨尔本市艾伯特路40号。与世界上任何地方的铂金级建筑等同。

面积135000平方英尺的两个委员会之家建筑，见图6.3，将街道地下的污水转移，处理，回收用于建筑的厕所冲水，对于澳大利亚干旱的国情，这是一个创造性的解决方式。为了减弱夏季北向太阳直射，项目中在西侧墙上安装了太阳能驱动的可移动遮阳格栅。项目中还采用了绿化屋顶，安装了六个竖向的风力涡轮发电机。[21]2007年初，澳大利亚100多个项目申请绿色之星认证。同时，新西兰绿色建筑委员会发表声明他们将采用澳大利亚的绿色之星评估体系。

图6.3　位于墨尔本的委员会之家的两栋建筑，获得了五星级绿色之星认证，相当于LEED金级认证。感谢墨尔本市提供资料。

西班牙

西班牙的绿色建筑委员会成立于 1998 年。欧洲第一个通过 LEED 评估的建筑位于西班牙（2005 年）：马德里的阿温特商务公园，包括两栋 7 层的建筑，面积为 355000 平方英尺，属于商业办公楼开发项目。此项目建成于 2003 年，由西班牙最大的开发商麦托瓦西集团投资，两栋建筑都获得了 LEED 银级认证。

项目每平方英尺造价 232 美元，总共能容纳将近 3000 人，第一年内全部出租出去，而同一环境中其他的办公建筑都是部分空闲着。[22] 项目中模拟能源使用比常规建筑少 31%，统计的水资源使用量也比标准的办公建筑少 44%。

西班牙绿色建筑委员会的创建者和主席奥雷利奥·拉米雷斯萨尔索萨说，欧洲绿色建筑市场比美国滞后 10~15 年，但是很多企业在主要城市的项目都开始申请 LEED 认证。[23] 他认为当前欧洲绿色建筑快速发展的主要障碍是绿色建筑的高成本和缺少可持续发展教育。他说这些情况从 1998 年开始有了显著的变化，而从 2006 年底开始加速度发展：从那以后，20 多个公司和政府部门要求或者展现了对绿色建筑的浓厚兴趣，不仅是在西班牙，也包括意大利和法国。其中一个例子就是建筑师西扎佩里设计的位于毕尔巴鄂的伊维尔德罗拉公司总部塔楼（该公司是美国一家重要的风力发电企业）。

英国建筑师理查德·罗杰斯在塞维利亚设计了一个办公综合体，是阿伯戈亚公司的总部（该公司是重要的生物乙醇生产厂家，在美国有很大的市场）。推动私人企业建设是绿色建筑的认证荣誉，在有些项目中，设计公司发现这是企业想要的。“企业想要成为绿色建筑认证的模范，借以宣传自己的不同”拉米雷斯说，“申请第三方认证，是因为那些机构具有权威性，有些甚至是国际性的。LEED 是巨大的推动力，因为它是国际性的，且有大量的建筑已经按照 LEED 标准建设。”[24]

拉米雷斯还指出，2007 年 3 月初，他到马德里观看戈尔的电影《一个国际真相》，这个影片真的震惊了整个西班牙建筑界。他希望在未来三年内，能看到对能源效率和绿色建筑的重新重视。他也相信作为一个产业发展系统建立起来的 LEED 评估体系，一定会得到西班牙和欧洲设计建造产业界的认同，因为 LEED 并不是政府指令的一个消极应对。

第七章
商业开发的革命

绿色建筑革命浪潮正席卷商业建筑。现在，任何一个绿色商业建筑项目，如果不是根据被认可的第三方评估标准，一开始就明确的将绿色措施和申请认证相结合，那么在它投入使用的第一天就会被宣判过时，甚至可能在剩下的生命周期中，成为经济发展的不利因素。随着绿色建筑技术的快速发展，绿色建筑认证的迅速普及，对绿色建筑益处的认识不断提高，不难想象，如果没有清晰的绿色建筑认证，建筑业主的整个投资就是一场冒险。

来自最大的建造商特纳建设公司的罗德维勒认为，绿色建筑革命的阵地开始从政府转向私人企业：

毋庸置疑，政府是绿色建筑革命早期的推动者。但据我观察联邦政府和其他公共机构，发现他们依旧在挣扎，虽然可能在最高级别上制定了政策规范，但是他们内部的员工并不是必须接受绿色建筑且表示欢迎。另一方面，主要的大学、一些学区和特定地区的开发商现在完全接受绿色建筑——可能这并不是全部的原因，但是他们确实把它作为一种规范——不论是校园的规范规定或者新开发的策略方针——所以说这些人控制和推动着整个绿色建筑市场的发展。

美国各州和主要城市的政府机构开始采取各种政策，但是这些政策大多是行政命令，并没有在具体项目中落实实施，因为人们只是被告知去做这些，而不是出于个人信奉的准则。[1]

商业市场规模

表 7.1 显示了商业（非居住）建筑市场的规模，每年 3520 亿美元。其中用于办公（包括政府办公建筑）和商业用途的建筑占总数的 42%，用于教育的占 26%，用于卫生保健的占 13%，和其他各种用途的占 19%。[2] 各种类型的政府建筑占所有非居住建筑建设量的 37%，每年资本投入约 1290 亿美元。换一个角度衡量，美国 2006 年的居住建筑市场投资为 5950 亿美元，比非居住建筑市场多 70%。[3]

2006 非居住性质的商业建筑市场　　表 7.1

建筑类型	市场规模（单位：十亿美元）	
教育建筑	92.4	26.2%
商业建筑	85.5	24.3%
办公建筑	61.2	17.4%
卫生保健建筑	46.0	13.1%
文娱建筑	23.3	6.6%
旅馆建筑	22.9	6.5%
公共安全建筑	12.1	3.4%
宗教建筑	8.2	2.3%

哪个部门建设的绿色建筑最多

但是，成本的问题怎么解决？如果绿色建筑成本更高，申请认证过程繁杂，我们会希望更多的绿色建筑实践活动能在政府机构、院校里最先尝试：社会公共机构基于长远的考虑，在能够看到收益（每年运营成本的节省）之前，有能力投入更多的成本进行建设。那些就是最早开发和使用 LEED 评估体系的项目，其中只有三分之一的项目业主是私人企业。后来，钟摆的幅度不断加大：2006 年和 2007 年，私人企业和私人开发商是申请 LFED 认证项目的主导力量。

事实上，LEED 评估体系最大的使用者不是某一家企业，某一所学校，或者一个政府机构，而是俄勒冈波特兰的一个私人开发集团。杰丁埃德伦开发集团，从 20 世纪 90 年代中期开始尝试进行绿色建筑建设，至今已有 30 多个通过 LEED 认证的项目，包括已完成的和在建的。集团的核心成员认为，无论是对私人企业还是政府机构而言，绿色建筑是最正确的选择，例如节能地板空气分配系统。

在 1990 年代末期，集团获得了位于波特兰城北部、价值 1950 万美元、跨 5 个街区的一个地块，原址是一个老旧的温哈特啤酒厂。拒绝了来自镇外房地产专家的众多意见，杰丁埃德伦开发集团决定建造一个两个半街区的地下停车库，采取混合使用的开发模式。六年以后，他们建造了一个 15 层的高层公寓，名为亨利公寓（取自亨利·魏因哈德的名字）；一个 16 层的公寓建筑，名为路易莎公寓（取自亨利·魏因哈德妻子的名字）；一个 10 层的办公塔楼和一个 4 层的办公及零售综合建筑。在其中半个街区，他们把 1890 年代的国民警卫队军械库改造成了杰丁剧院，其作为国内第一个获得 LEED-NC 铂金级认证的历史性注册项目在 2006 年对外开放，成为一个重要的表演艺术中心。[4]

这个集团也是受价值驱动的，但是采用的商业手段非常明智。在合作伙伴马克艾伦，一个旧时顶尖的当地商业房地产经纪商的领导下，从 2002 ~ 2004 年间，这个集团成功的出租了 50 万平方英尺的空间，而当时当地的房地产市场将近有 100 万平方英尺的出租空间出现净亏损。他们并不是完全从别的办公楼和居住建筑中挖顾客，而是通过创造新的城市空间混合使用的开发类型，提升空间本身的价值，从而吸引人们投资、在此办公和居住。这两栋办公塔楼安装了可开启窗户和节能灯具，其中一栋塔楼设计了屋顶绿化，在建筑立面和屋顶放置了太阳能光电板。

丹尼斯 · 王尔德，杰丁埃德伦开发集团的合伙人之一，他说，“我们认为公众也是可持续发展的重要组成部分。创造能够满足人们所有活动需求（生活、工作和娱乐）的场所是未来一种可持续的开发模式。”[5] 他们的啤酒厂街区开发项目毗连波特兰一个主要的中产阶级居住开发地区珠江区，是游客和居民都非常向往的去处。啤酒厂街区的零售租户包括各种分开的小店、戴尔色品牌店、P · F · 常的小酒馆和全食超市，全美的零售商第一次全部聚集在波特兰。[6]

杰丁埃德伦开发集团的目标是所有建筑物都通过 LEED 银级别或者更高的认证。路易莎公寓项目通过 LEED 金级别认证（在建成之前已经出租了 40%）；亨利公寓项目也是通过 LEED 金级别认证（在 2003 年建成前 9 个月全部出租完毕）；三栋办公建筑中的两个都申请 LEED-CS 银级别的认证，另一个是申请 LEED-CS 金级别的认证。[7] 对其他的开发商，这是一个关键的信息：你可以在价值驱动的同时，获得商业成功。丹尼斯·王尔德说得很简单：租户和买主不会为高性能建筑的高成本买单。所以我们不能要求提高租金或者销售价格来平衡成本收入。那就意味着我们需要比我们的竞争者投入更多用于开发成本相当的建筑，或者仅超过 1~2%，不多，只是增加了一点。这样做的益处是使我们的项目区别于市场上的一般建筑，但是价格又是一样的。我们的建筑就有可能出租得更快，但是我们的价格必须与同一地区内其他的 A 级办公建筑具有可比性。尽管市场整体发展缓慢，我想可持续和高效节能设计还是能让我们具有更多的竞争优势。[8]

爱达荷博伊西的横幅银行大楼是一个通过 LEED-CS 铂金级别认证的营利性商业办公建筑，建成于 2006 年，[9] 由克里斯滕森有限公司投资。这个项目的特点是相比标准开发模式下的同类型项目节约 65% 的能源消耗和 60% 的水资源使用。每平方英尺的建设成本是 128 美元，在博伊西镇上，这个总面积 19.5 万平方英尺的 11 层装饰艺术风格的建筑的财富价值提高了 150 万美元（仅节能方面），申请 LEED-CS 铂金级别认证所追加的额外成本也获得了 32% 的回报。

大量的运营费用节省，让业主在推销租赁时可以与其他旧式建筑做比较，具有显著的竞争优势。这个项目包括的高效措施有地热供暖系统、感应器与智能照明控制系统和利用地板下部空间促进空气流通。开发商加里·克里斯滕森评论说："如果我们不承诺追求高级别的 LEED 认证，在这里那里偷工减料是非常容易的。但是当你确定了这个目标，你就会知道这是一个高标准的项目。我们对它寄予了厚望，希望实现最高的舒适度。"[10]

图7.1 爱达荷博伊西的横幅银行大楼，一个通过LEED-CS铂金级别认证的营利性商业办公建筑。摄影师朱丽佩·塞塔，感谢由HRD提供资料。

在遍布全美的数以百计的已建成的、在建的或者处于规划阶段的绿色商业建筑开发中，波特兰和博伊西项目只是其中的两个。据美国绿色建筑委员会统计，商业办公建筑占所有申请 LEED 认证的项目的 25%，目前这个比例正在不断增大。例如，纽约的美国银行和一个地方开发商德斯特组织联手，打造有可能成为世界上最大的 LEED 铂金级别的建筑，位于布赖恩特公园的 54 层高的面积为 220 万平方英尺的美国银行塔楼，这个项目计划将于 2008 年建成。位于铜锣湾时代广场一带（突破德斯特组织 1990 年投资的绿色建筑面积的四倍）的美国银行塔楼，将使用一系列绿色建筑技术，包括现场发电和雨水收集系统。

库克福克斯公司设计的这个项目，吸引了全世界的注意力。建筑师理查德·库克说："绿色建筑运动已经到了一个转折点。可持续发展稳定地位于主流意识的前线，绿色建筑影响了所有的生活，成为全球性的共识。顾客们为子孙后代考虑的意识不断提高，更加关注健康、生产效率回报、市场竞争力等，开始考虑可持续发展。对很多人而言，实施绿色策略导致的初期成本投入的显著增加是一个很大的障碍。但是随着能耗成本的上涨，绿色技术的回报周期将会不断缩短。第二个大的障碍是对客户群、建筑行业和顾问内部关系转变的抵制。但是我们也能看到这种惰性正在迅速消失。当前，我们正在探索各种规模的绿色设计，从 220 万平方英尺的办公塔楼到 12000 平方英尺的 LEED 铂金级别认证的办公空间。"[11]

绿色商业投资开发的商业模式

表 7.2 列举了绿色商业开发的商业模式。对营利性开发商（那些最初并没有全部租出去的建筑项目）而言最大的问题就是自身和租户之间回报的分歧。租户获得了最多的来自生产效率和健康环境的收益，在三重净租赁案中，租户还获得了节能的益处。而开发商必须面对初期成本投入，早期的一些绿色建筑可能比常规的建筑成本高。那么他们的收益是什么呢？

收益很多，但是并不是每个项目都能提供那些。一些项目的收益可能会在未来，现在无法衡量。例如，既没有很好的关于绿色建筑转售价值的数据，去证明它们会具有较高的价格，也没有有力的数据暗示租户愿意为了提高生产效率和保护员工身体健康而租用价格较高的绿色空间。但是也有少量的数据表明这为领袖群创造了机会：如果你在从事商业的过程中一直等待所有的事实出现且被广泛认同，那么你也就失去了大部分的潜在效益。当其他人还在边缘徘徊的时候，领袖们已经开始行动，就像我们现在看到的，有很多领袖在世界绿色商业建筑市场中大胆尝试。

营利性绿色商业建筑的商业模式　表 7.2

绿色化一个营利性的商业建筑，通过LEED-CS的认证能够对开发商产生的帮助：
包括市场优势，在商业出租中具有强大的宣传亮点
确保多种途径的项目集资源（通过美国银行案例）
争取更多的潜在投资商（通过社会责任财产投资）
利用生产效率和健康的益处促进项目的快速出租
通过节能和节水设计增加净营业收入，借以提高项目的经济价值（增加的价值是每年节省价值的16倍）
吸引能在该建筑中租赁较长时间的高质量的租户
拥有更大的公共关系益处
跟一些公司比，确保商业保险的成本较低
降低因为室内空气质量引发的关于“病态楼宇综合症”的控诉风险
提高员工的士气，使招聘和保留核心员工更加容易
当地针对绿色开发给予的鼓励政策：允许快速优先获得许可，缩短项目时间；允许更高的容积率，增加建筑限高以获取更多的可出租面积。
国家和州政府给予的鼓励政策：税务抵免，减税，财产和销售减税。
公共事业机构对可再生能源利用给予的鼓励
使用第三方基金作为昂贵的资本投资，建设太阳能和现场发电

棕地开发的商业模式

对开发商而言，商业房地产是一个坚固的世界，但是现在这一点也在快速改变。房地产公司在实践中发现有足够多成功进行绿色开发的证据，也有潜在的失误：由于对房地产市场需求的错误估计，导致提供了过量的产品，却没有客户；在绿色策略上投入资本过多，而准租户或业主并没有认可这种增值；在一个没有吸引力的地区进行绿色开发。相反地，常规的、非绿色的开发也有可能成功，因为房地产开发中最基本的三条规律并没有废弃：位置，位置，位置。但是采取非绿色开发，企业也需要承担一定风险，相比于周边的绿色建筑常规建筑的财富价值可能要低一些。

现在试着想像你是一个房地产经纪人，想要将建筑出售给一个大公司。你的销售叙述可能会是这样：

各位先生、女士：我有一个建筑，在里面，你们的员工面对的是极差的日光照明和有限的室外景观，在刚入住的时候，他们还要忍受几个月的有毒气体的侵害。我提到的这些，极有可能导致很低的生产效率和极大的健康问题，因为我们省略了确保室内空气质量的措施，日光照明控制和独立的温度控制系统。因为这样或那样的原因，你们的核心员工一旦认识到他们工作空间的实际状况和从中显示出的公司的价值取向，很有可能将会另找工作。当然，根据我们的租赁规定，你们需要对每平方英尺的面积追加额外的公益投资，而这些成本在未来可能会戏剧性的增长。现在，这有一个很好的方法：我们可以在美丽的休息室里告诉你们的客户和管理人员，他们将会节省每平方英尺面积 50 美分的租金，在每个有价值的员工身上节省每年 100 美元的投资，按每个员工每年的薪资平均 5 万美元算。你们还有什么问题吗？

你不会感到有一点的羞耻吗，作为一个房地产业的专家，提供了这样一个产品给你的客户？这种情况每天都在发生，即使情况不完全如上所述，因为市场上只有这种类型的现成租赁空间。但是如果那是我，任何时候我都会更提倡绿色建筑的商业模式。你呢？

LEED-CS 对开发商的帮助

LEED-CS 评估体系的开发目的很明确，就是为了满足开发商的需要。大部分的开发商都不希望必须等到建筑建成和使用之后才能获得 LEED-NC 认证。他们需要使用这个认证的名牌去招徕租户，然后以租户的租赁情况去吸引股票和债务投资。所以开发了 LEED-CS 银级别、金级别和铂金级别针对项目设计过程进行认证的预认证评估体系。当项目完工时，开发商提交说明文件做最后的评估。美国绿色建筑委员会希望，开发商也能鼓励租户在 LEED-CI 指导下进行室内空间装修，这样整个建筑环境优势就与 LEED-NC 认证的建筑相同。

作为美国很大的商业开发商，海因斯公司就是使用 LEED-CS 评估体系的一个典型代表。海因斯的杰瑞·李说："LEED-CS 肯定了我们建设的项目的质量。最初的两个项目申请 LEED-CS 认证时，评估体系还尚未投入使用，而项目已经开始施工，后来这两个项目获得银级别和金级别的认证，都是在建造过程中。换句话说，我们在设计这些建筑的时候并没有想要申请 LEED-CS 的认证，因为那时候还不存在评估体系。后来，评估体系证实我们正在建设的建筑质量很高，能够获得 LEED 认证。基本上，我们所有的盈利性建筑都获得了 LEED 评估体系的认证。"[12]

给房地产企业带来的革命

到现在为止，我们一直在讨论盈利性房地产开发的商业模式。现在，有很大一部分的建筑是为了满足企业自己的需求而建设的，无论是直接购买房地产或者建造一个新建筑，还是间接雇佣开发商进行开发建设。很多大型的企业都在建造自己的LEED认证建筑，包括赫尔曼米勒公司、福特公司、本田汽车公司、高盛公司和美国银行。

适应性建设是企业对新建建筑非常常规的一个要求。沃克有限责任公司（总部设在密歇根大急流城）使用系统性的和纪律性的方式，达到企业提出的适应性建设的市场要求。他们在美国中西部建造了通过LEED银级别认证的郊区办公楼和许多公共的及私人的大学项目。沃克公司的核心理念是建造办公建筑就像工厂生产产品，用一个可更换的“零件工具包”，生产出和常规建筑同样成本的绿色建筑产品。[13]沃克公司说：“在其他所有的条件之上，建筑和室内应该为在里面工作或居住的人设计。建筑提供使用者需要的一切：掌控空气、光照、声学、技术访问和工作设备。员工日常工作中的生产效率和积极性与他们对工作环境、工作设备的满意度直接相关。”[14]

沃克公司为皇家加勒比游轮有限公司建造了一个价值4400万美元，16.2万平方英尺的斯普林菲尔德电话中心，位于俄勒冈，由1000名员工使用。在建造这个电话中心的时候，业主依照惯例只关心怎样让每个卧室的成本最小化。皇家加勒比游轮有限公司认为他们以前投资太多在薪水上而不是在建筑上，而现在希望能够提供一个良好的办公空间。建筑师设计的办公室拥有新鲜的空气和自然光照，支持了企业对员工身体健康的承诺。从2006年入住，建筑通过了LEED-NC金级别认证。这个以游轮为主题的优雅设计，表达了可持续建筑的普遍呼吁。[15]

盖里萨隆是企业房产业匹兹堡PNC银行的高级副总裁和董事，全国排名第十五的大银行，拥有800个分公司分布在40个州。他是支持申请LEED认证的先锋，比其他企业拥有更多的通过认证的建筑。截至2007年初，匹兹堡PNC银行拥有12个通过认证的建筑和10多个正在申请认证的项目。每个分公司3600平方英尺的办公建筑需要耗资130万美元。盖里萨隆希望在未来的2~5年内，这些初期的额外投资能够获得回报。

PNC银行计划在未来五年里，以宾夕法尼亚最先实施的两个通过LEED认证的单元为标准；建造80个类似的分公司，遍布整个大西洋中部地区。美国绿色建筑委员会倡导的“容量建设”计划中，如果零售商证明建筑的大部

图7.2　皇家加勒比游轮有限公司的斯普林菲尔德电话中心，由沃克公司开发，位于俄勒冈，是一个游轮主题的建筑，获得了LEED金级别认证。摄影师约翰尼，感谢沃克公司提供资料。

分都是参考典型案例设计建设的，并且提供施工完成的证据，那么这个建筑的认证成本会远远低于当前每个单元 3000 美元的费用（占资本投入的 0.25%）。[16]

2002 年，在建设 65 万平方英尺的位于匹兹堡的 PNC First side Center 项目时，PNC 公司始终坚持用常规的成本建造 LEED 银级别的建筑。在各个部分的节省中，能源的平均比例为 25%。迄今为止，PNC 银行拥有已完工的绿色分公司 43 家、正在建设和规划中的至少 80 家，遍布在中南部、南部海岸的服务区。所有的绿色分公司都是独立经营的，其中很多都位于购物中心内。[17]

伟世通村，原是位于密歇根范布伦镇郊区的一个 265 英亩的砾石坑，现在被建设成一个新型制造基地，成为世界上最大的汽车零部件供应基地之一。2005 年建设完工的 80 万平方英尺的公司总部获得了 LEED 认证。这个项目由 7 个建筑物组成，布局类似于一个村庄，由一个核心能源工厂和一个自然路径构成。场地中包括一个湖泊、湿地和步行道路，开发量仅占场地总面积的 30%。在这个项目中，新种植了 5000 棵树，包括结构设计都试图最小地影响环境，采用了废弃物回收再利用和选择当地可再生的建筑材料。[18]

工业建筑

据估算，2007 年工业建筑价值约 400 亿美元。[19] 其中，比较好的建筑物

图7.3　斯密斯设计事务所设计的伟世通村制造基地，位于密歇根范布伦镇，包括7个像村庄一样排列的建筑物，由一个核心能源工厂和一个自然路径联系起来。斯密斯设计事务所贾斯汀摄。

包括可以被改造或者新建达到 LEED 标准的建筑。早期的一个通过 LEED 认证的工业建筑案例是美国俄亥俄州克利夫兰的 Oatey 配送中心。[20] 这个投资 800 万美元的项目，后期又追加了 30 万的额外资本（占总成本的 3.8%），据测算，每年节省供暖费用约 7.5 万美元，占总节省的 43%。这个建筑使用了一个废水收集再利用装置，每年能够节省 10 万加仑的饮用水。

还有很多其他的获得 LEED 认证的工业建筑案例。事实上，2007 年初，超过 115 个项目登记申请最后的 LEED 认证。[21]

基于社会责任的物业投资

另一个有可能促进绿色商业开发增长的因素是当前社会现象引起的社会责任物业投资（SRPI）的增加。从 1990 年代中期以来，随着房地产投资信托基金的增加，商业房地产公司逐渐证券化，而投资于房地产投资信托基金成为小型投资商发展成房地产巨头的重要途径。在过去两三年里，很多大型的私人基金和房地产投资信托基金开始把目光转向绿色建筑，意识到这是一个极好的投资机会。

自由财产信托和公司办公室财产信托公开承诺他们将投资建设 LEED 银

级别的建筑。自由财产信托的一森特车道项目是一个 4 层的建筑，位于费城企业中心海军造船厂，由世界著名建筑师罗伯特设计。项目位于重点改造区域，这个机会促使自由财产信托进行合格的商业可持续设计，进而申请城市和国家税务减免优惠。项目的可持续绿色设计，提供了比类似常规建筑更高效和高质量的工作环境，已经通过了 LEED 铂金级别认证。[22]

2006 年中，自由财产信托拥有 10 多个 LEED 认证的项目，包括费城的康卡斯特中心，是现在世界上申请 LEED 认证中最高的建筑。[23]

2006 年，加州公共雇员退休系统和海因斯共同建立了一个风险投资，海因斯加州公共雇员退休系统绿色开发基金，捐献了 1230 亿美元用于未来绿色房地产开发。加州公共雇员退休系统绿色化有可能开发 3~4 个新办公建筑，适用于一个用户或者盈利的空间。基金会建造的第一个项目是华盛顿贝尔维的 333 塔楼，计划成为西部海岸第一个获得 LEED-CS 认证的办公建筑。[24]

加里 · 皮沃教授预测社会责任物业投资的增长："如果当前 2 万亿的社会责任投资中的 10% 用于房地产行业，相当于现在整个美国房地产投资信托基金股票市值的 75%（2004 年底将近 3000 亿左右）。那么，社会责任物业投资市场潜在的规模很可能变得稳定。"[25] 这段话的暗示就是，百亿美元的社会责任投资资金是绿色房地产开发的潜在资本，这将成为刺激众多开发商建设绿色建筑的另一个强大的理由。

图7.4 坐落于费城企业中心海军造船厂的车间，是一个获得LEED铂金级认证的建筑。布赖恩 · 科恩摄。

2007 年 3 月，美国银行声明投资 200 亿美元用于支持节能技术研究和绿色建筑建设。在未来的十年里，美国银行制定的应对全球变暖的计划，包括融资公司进行低排放技术研发，为绿色建筑项目提供资金借贷，为客户提供碳交易信用额度。银行将投资 180 亿美元用于商业绿色开发的借贷和融资，20 亿美元用于消费品项目，努力减少温室气体的排放和自身运营对环境产生的影响。这些投资中包括 14 亿美元的资金用于确保所有新建办公建筑和银行分公司达到绿色建筑标准，10000 万美元用于旧设施的节能升级。[26]

为了不被淘汰，2007 年 4 月，花旗银行承诺投资 500 亿美元，用于投资、融资和其他的活动，来鼓励替代能源和清洁技术的商业化和发展。花旗银行还特别投资了 10 亿美元支持克林顿气候行动计划，一个对现有建筑进行高效节能改造的项目。[27]

通过以上的介绍，可以看到，绿色建筑逐渐显示出其优势，不仅具有极高的环境价值，也能为业主提供更高的投资回报，所以在未来几年里，社会责任物业投资将成为一种趋势。

第八章
政府和非营利性建筑的绿色革命

在绿色建筑革命中，联邦政府、州和地方政府以及非营利性部门一起扮演着极为重要的角色。自20世纪90年代末以来，美国国家能源部给美国绿色建筑委员会提供了大量的资金来帮助建立LEED评价体系。对于LEED的第一个五年计划（2000~2004年），超过一半的已经申请LEED认证的工程项目和已经取得认证的工程项目，都是政府部门或非盈利部门的工程。自2005年以来，获得LEED认证的公共工程和私营工程的比例，从原来的2：1变为1:1，私营工程未来拥有很大的上升空间。[1]

政府建筑市场

就非居住公共建筑本身而言，其实是一个相当大的市场，2006年估计1290亿美元，或者占非居住的建筑总市场3520亿美元的37%。[2] 由于五年国内经济扩张下的上升税收，促使公共非居住的建筑在2006年增加了7.5%，表明这个市场平稳的增长。在某些行业，公共建筑占据主导：公共机构花在所有教育建设资金的比例为83%和建造所有的娱乐项目占60%以及公共安全项目的100%。政府机构建立所有办公建筑的19%和医疗设施建筑的23%。(后者大多是由非盈利的医院和机构建立的)。[3]

绿色建筑的推动者

为什么政府在绿色建筑方面如此活跃？有两个根本的原因。因为要求不一样，政府在许多方面对于最初成本没有私营部门那么敏感。没有投资者愿意，仅有不同利益相关者，包括议员和机构的官员。所以，为促进效率和可持续发展的政策，政府机构做出资本投资来展示给私营部门，例如，如何做绿色建筑可以在一个“生命周期成本”计算基础上是合理的。此外，政府是这些设施的一个长期的所有者/经营者。政府不会脱离商业，政府将支付运营成本，卫生保健费用，以及未来的营业额成本，所以，目前投资创造的未来利益和政府的责任和目标一致的。

唐·霍恩一直在美国总务管理局的绿色建筑上积极努力，“美国总务管理局致力于可持续发展设计的原则，将节能技术应用到所有的建筑工程项目之中”。他说：我们的方法已经置入了可持续的设计要求，尽可能与已存设计、施工、物业管理、租售形成无缝设计。[4]根据霍恩介绍，截止到2007年3月，总务管理局有60%的项目已经申请和正在努力获得LEED认证，同时还说到，19个总务管理局的项目已经获得认证。至于总务管理局的方法，他说：我们的做法是将可持续设计纳入到我们的整个规范和标准，很难确定为实现绿色建筑预期的质量所需的项目成本。一般来说，我们还没有花费任何额外的钱修建绿色或LEED认证项目。我们完成的只是现有的项目预算，我们发现，在经历过绿色建筑和可持续设计的公司能达到我们的预期目标是没有困难的。没有经历过的公司有时发现很难满足许多项目的目标要求。

政府建筑比起私营部门的设计和建造呈现不同的动机。通常情况下，设计和建设的周期较长，因为钱可能是由立法机构分配，首先是研究和设计，然后才是施工。在华盛顿州，例如，它往往需要三两年的立法会来获得建设资金分配到公立学院和大学以及国有建筑。

比起政府，非营利部门必须合意各利益相关者：捐助者，员工，新闻界，以及他们服务的受益者。但是，非营利部门比政府有不同的动机。许多非营利组织认为，他们应该为公众和有怀疑的私营部门在展示绿色设计的益处上处于领导地位。因此，他们使用绿色建筑作为一种沟通讯息，例如，一个健康的环境和一个富足的经济是不相抵触的目标。

绿色建筑也提供贷款，许多非营利组织抓住机会。例如，位于俄勒冈州波特兰市吉姆·沃伦自然资本中心是第二个在国内获得LEED金级认证的建筑。非营利组织赞助的项目“生态信任”是从一个捐助者那里获得的大部分资金，将一个100年的仓库翻新成一个现代化办公楼，从规划及政策角度，他们也想告诉公众，在人们所关注的西北太平洋地区，投资于旧建筑和旧社区是创造“养护经济”的一种适合道路。[5]

公共建筑的整体设计

约翰·博克，是宾夕法尼亚州的一位建筑师和大西洋中部地区绿色设计的一位先锋，他领导的设计团队，在2001年创建了国内第一个LEED 2.0版金级认证的建筑，宾夕法尼亚环境保护部门的坎布里亚办公楼。对于在促进政府建筑项目一体化设计中他所遇到的困难，博克说：

我面对的最大障碍是帮助人们争取改善他们的环境状况，以改变他们的心态和他们的进程，因为绿色建筑的一体化设计需要这两个变化（心态和过程）。解决反对改变而无处不在的惯性方法是教育和获取所有人的支持。总之，这需要三个“E”：你必须说明每件事（Everything)、每个人（Everyone）、尽早（Early)。因此，在大家都开始设计之前，使建筑专业人士（承包商）和项目设计专业人士成为团队中的一员，能使成功的机会大大增加。

因此，一体化设计的总体目标是在最初成本不变的情况下提升性能，通过那种方式，就不需要再讨论增加成本，其结果是，任何形式的“盈利回报”的讨论变得没有实际意义。这是我们永远追求的目标。简单地说，一体化设计是创造高性能建筑成本效益的关键，这样做并没有改变预订完成日期，或通过重新分配在同一时间进度安排项目设计进度。换句话说，通过集中在前面的概念和原理设计的努力，在施工文件要求的时间内实现所有的决策。[6]

总务管理局的唐·霍恩同意这些观点，引用来自几十个项目的经验教训，霍恩说，在既定的预算内完成政府的绿色项目有三个关键：

1. 项目开始早期就有可持续设计的目标；后来加入的目标和要求，只会花费更多。

2. 使用一个以一体化的，整体建筑设计方法。考虑到设计战略之间的协同优势，避免削弱“价值工程”。

3. 整个项目包括物业管理代表，让他们了解大局，可以从他们的经验提供建议。

政府部门采用 LEED

全国各地，政府机构的决定为新的建设项目设立的 LEED 标准，通过了 LEED 第一个六年的数据，2000~2005 年联邦政府注册的占所有项目的百分之八，州政府注册的占 12%，另外 21% 由当地政府注册，至 2006 年初通过 LEED 的政府建筑占 41% 的份额。非营利部门，包括许多私立学校，学院和大学，占所有的 LEED 注册项目数据的 21%。2006 年 9 月整整一个月，所有 LEED 认证的项目的 31% 是政府的项目（在四个主要的评分系统），18% 来自非营利部门的项目。[8] 总之，截至 2006 年第三季度，政府和非营利部门的项目占所有注册项目的 62%，占所有已认证项目的 50%。

在联邦政府一级，总务管理局努力让多数项目通过 LEED 认证，尤其是新的联邦大楼和法院通过其优秀设计评价。国防部已有建成的 LEED 认证项目，美国军队已经正式采用了LEED作为其新建项目的评价标准。国家公园管理局按照LEED标准已经建立了一批新的游客中心。[9]在蒙大拿州，称之为甘草/库茨的联合出入境口岸获得LEED认证，以及在北卡罗来纳州莫里斯维尔EPA的国家计算机中心获得LEED银级认证和在犹他州埃斯卡兰特土地管理的科学中心获得金质认证。

表8.1显示了到2006年底联邦所有已被绿色建筑认证的项目，它列出了44个项目，12个机构，11个不同的建筑类型。联邦估计到2006年底额外的250联邦建筑LEED注册的项目在过程中。[10]

44个联邦政府的LEED认证项目特点　　**表8.1**

机构代表（项目）	建筑类型（项目）
国防部（10）	办公（15）
内政部（7）	室内署（9）
总务管理局（6）	机库/仓库（4）
环境保护局（5）	法院大楼（4）
能源部（4）	学校（3）
商务部（2）	娱乐（2）
运输部（2）	游客中心（2）
美国航天局（2）	军事宿舍（2）
社会保障管理（2）	过境站（1）
人类服务部（2）	监狱（1）
律政司（1）	别墅（1）
劳工署（1）	

来源：美国能源部，能源效率和可再生能源办公室，“由美国绿色建筑协会的LEED评级体系认证的联邦建筑”，2007年4月，
www1.eere.energy.gov/femp/pdfs/fed_leed_bldgs.pdf,accessed March 30,2007.

作为一项政策，许多州政府通过立法和行政命令，决定兴建LEED（银）或更好的建筑物。通过条例或政策，许多主要城市承诺推行绿色建筑，这些城市包括西雅图，波特兰，丹佛，盐湖城，图森，凤凰城和圣何塞和加州帕萨迪纳。表8.2显示了截至2006年6月在美国和加拿大政府的措施。

政府和非盈利的示范项目

2006年完工的俄勒冈州新尤金联邦法院是振兴市区的重点项目，也是获

得 LEED 金牌认证的政府绿色建筑的优秀案例。作为总务管理局的优秀设计项目，这个占地 27 万平方英尺、投资 7200 万的项目委托给了著名的模福西斯事务所的汤姆 . 梅恩设计。

促进绿色建筑的政府倡议　　**表 8.2**

下列各政府和政府机构已通过立法，行政命令，条例，政策，或其他激励措施使建筑达到LEED标准联邦

联邦		
能源部	内政部	
外交部	国防部	
美国环境保护局	美国总务管理局	
州		
亚利桑那	密歇根	
阿肯色州	内华达	
美国加州	新泽西州	
科罗拉多	新墨西哥	
康涅狄格州	纽约	
伊利诺伊	俄勒冈	
缅因州	宾夕法尼亚州	
马里兰	罗得岛	
马萨诸塞州	华盛顿	
县		
阿拉米达县，加州	圣马刁县加州　普莱森顿，加利福尼亚	
库克县，伊利诺伊州	萨拉索塔县，佛罗里达州	
景郡，华盛顿州	萨福克郡，纽约州	
城市		
阿克顿，马萨诸塞州	尤金，俄勒冈州	普莱森顿，加利福尼亚
阿尔布开克，新墨西哥州	弗里斯科，得克萨斯州	波特兰，俄勒冈州
阿灵顿，马萨诸塞州	盖恩斯维尔，佛罗里达州	普林斯顿，新泽西州
阿灵顿，弗吉尼亚州	大急流城,密歇根州	萨克拉门托，加利福尼亚
亚特兰大，佐治亚州	休斯敦,得克萨斯州	盐湖城，犹他州
奥斯汀，得克萨斯州	伊萨夸,华盛顿州	圣地亚哥，加利福尼亚
伯克利，加利福尼亚州	堪萨斯城,密苏里州	旧金山，加州
波士顿，马萨诸塞州	长滩,加利福尼亚州	圣何塞，加利福尼亚州
博尔德，科罗拉多州	洛杉矶,加利福尼亚州	圣莫尼卡，加利福尼亚
鲍伊，马里兰州	纽约,纽约州	斯科茨代尔，亚利桑那州
卡拉巴萨斯，加州	诺尔冒，伊利诺伊州	西雅图，华盛顿州
卡尔加里，AB（加拿大）	奥克兰，加利福尼亚州	温哥华，BC（加拿大）
芝加哥，伊利诺伊州	奥马哈，内布拉斯加州	华盛顿,特区
克兰福德，新泽西州	帕萨迪纳，加利福尼亚州	
达拉斯，得克萨斯州	凤凰城，亚利桑那州	

来源：苏格兰案例，“建设一个更美好的未来,政府LEED评价之路”,2006.06
www.govpro.com/ArchiveSearch/Article/27938,accessed March 30,2007.

在法院建筑上，暖通设计包括服务于大部分空间的地板送风系统，包括六个审判室。辐射板加热和冷却，置换通风相结合，服务大堂和公共空间。一个中央工厂的空调热回收冷水机组使用的计算机服务器以阻止水加热系统机房热负荷。冷凝式锅炉最大限度地提高水加热系统的效率和循环水的温度保持足够低的热拒收冷水机组的工作效率。[11]

美国自然资源保护委员会15000平方英尺的罗伯特雷德福大楼建于加利福尼亚州圣莫尼卡市，目的是展示绿色建筑原则。该项目是在2003年完成的，前三个通过LEED－NC（版本2.0）铂金认证的美国建筑之一，令人惊讶的是，这三个建筑全建于南加州，而且均在相近几个月内获得认证。由摩尔&波利建筑事务所设计的，自然资源保护委员会总部使用的能源比其在加利福尼亚州的规模相等的一般建筑少44%，所有的能源来自无碳的绿色电能，比标准建筑少消耗60%的饮用水，[12]该办公楼通过附近吹来的太平洋自然微风来降温，窗户是旨在阻止太阳辐射，减少投入热量，从而最大限度地减少对空调的需求。7.5千瓦的光伏太阳能板排列在屋顶上提供使用能源总量的20%，确保这个建筑二氧化碳排放量为零。[13]

在加利福尼亚州的圣塔克拉里塔，HOK建筑事务所为当地交通部门修建设计了捆稻草式维修设施，第一个获得LEED金级认证的稻草式项目。[14]这栋于2006年获得认证的47000平方英尺的建筑（其中22000平方英尺的办公）的能源效率比加利福尼业的要求高了44%。2000万美元的项目包括一个良好的屋顶隔热降温、充足的采光且高性能玻璃和夜间通风来冲出建筑物内的暖空气，换上凉爽空气。该地板送风系统使得建筑利用每年中相当一部分外面的空气冷却散热器。[15]奥斯汀市政厅是一个高性能政府项目的典型实例，其将能源效率与醒目的视觉形体结合。大会堂及公共广场（750车停车库）位于城市湖畔仓库区边缘的100年历史建筑内。该项目是由景观功能为主，建筑形式反映了该地区的地质，包括石灰石，青铜，玻璃，水和遮阳等建筑材料创建城市的“客厅”。

118000平方英尺的建筑包含几个城市部门，还有市长、城市管理者、市议会的办公室；理事会的会议厅；一个辅助的咖啡馆和画廊，由安托万·普瑞建筑师事务所以及建筑师扩特拉和里德设计，该建筑项目四层，成本估计在5000万美元，完成于2004年。LEED金牌认证承认大会堂在减少能源使用上的成就，相较于传统的建筑节约了55%，消除了景观用水。

在威斯康星州绿湾自然资源部地区总部，2005年完成，获得了绿色建筑

图8.1　罗伯特雷德福建筑，在加利福尼亚州圣莫尼卡市的美国自然资源保护委员会办公楼获得了LEED白金等级。照片有格雷·克劳福德，自然资源保护委员会（NRDC）拍摄。

图8.2　有HOK事务所设计,位于加利福尼亚州，圣塔克拉瑞塔市的47000平方英尺的交通维修站是世界第一个LEED认证的木构建筑。照片由HOK事务所人员约翰拍摄。

图8.3　获得LEED金级认证的奥斯汀市政厅被称为城市的“客厅”，由安托万·普瑞建筑师事务所和扩特拉+里德事务所设计。资料提供：安托万·普瑞建筑师事务所方案设计；扩特拉+里德事务所方案实施；蒂莫西·赫斯利摄影。

的 LEED-NC 金级认证，成为国家仅有的第七个认证项目，也是威斯康星州第一个绿色建筑。34500 平方英尺的三层建筑容纳了 156 名员工办公，还包括了一个新建的 13000 平方英尺的商店和储藏区。建筑为绝大部分员工提供了自然采光和户外景观。

对在 470 万美元的投资项目增量 7 万美元（约占总量的 1. 5%），工程师们估计该建筑物比传统建筑每年将节省 55% 的能源消耗，约 2.5 万美元。[16] 最近的统计表明，该建筑是容易实现满足能源之星 85 或更好的比率的目标。该项目计划购买至少两年的来自威斯康星州的公共服务性的 Nature Wise 项目的绿色电力，由于资金到位，一个大面积的、朝南的主建筑屋顶设计成适应未来的光伏太阳能电池板。

政府机构和非盈利组织也认识到公共资源管理的角色要求他们建立绿色建筑，在能源成本和绿色建筑的益处上采取长期拥有者的角度，你可以期望看到更多的政府机构采取逐年增加绿色建筑的政策。

第九章 教育建筑的绿色革命

教育建筑市场是建筑行业最大的一个市场部门，从2006~2008年估计有1250亿美元花费在新建筑和翻修改造建筑，所有费用约60%流向了从幼稚园到12岁年龄使用的建筑，与流向各种学院及综合性大学的数量平衡。[1]约17%流向了私立学校和大学，与流向公立学院和大学的数量平衡。[2]

绿色建筑革命将如潮水一般涌向教育市场。目前，截至2007年3月，教育部门有500多个LEED申请认证项目，其中高等教育的有260个项目，12年基础教育的有245个项目。[3]截至2006年9月，所有的LEED认证的项目中的12%是在教育部门。[4]为了让学校成为其全国范围内知名的校区，可持续发展在大学校园里是一个非常重要的问题，也必然成为一个受关注的大问题。

在教育建筑市场，按造价算，所有建筑约54%的费用是新建，27%是加建，19%是改建或重建，因此，超过所有教育项目价值的80%是重大项目。由于这个原因，教育建筑绿色化是重要的。这一优势的一个原因是学院和大学的建筑到1999年已有40年了，或接近其42年预期寿命。为适应婴儿潮迅速来临而在20世纪50年代到70年代建造的大部分建筑物，现在需要更新换代了。[5]

高校的绿色建筑

在未来的几年里，高等教育建筑市场在规模和重要性上也会增加（目前占LEED认证项目的7%），因为更多的学校采取可持续发展作为经营模式，包括课程、采购、操作设备、学生公寓，以及所有类型的新建筑。

2006年1月，一个新的高等教育机构成立。该机构称作高等教育可持续发展促进会（AASHE），一年后，已有超过200名高校成员，并且仍在继续快速增长。AASHE形成一种伞状组织结构为校园社区可持续发展提供服务。[6]据AASHE董事会成员同时也是加州大学系统的可持续性管理者马修·S·克莱尔说，绿色建筑运动正在各个行业迅速增长，尤其是高等教育，鉴于高等教育声誉推动的原因，高等教育中的绿色建筑达到一个最大量，大学已经制定充分的绿色建筑的做法，其他所有人必须遵守或承受潜在的不利竞争影响。[7]AASHE战略计

划的总监朱迪沃尔顿强调在高等教育中推动绿色建筑的四个主要因素是：[8]

1. 市场效益，包括一个展示“绿色”建筑的宣传，促进招收新学员，并为帮助机构在竞争激烈的环境中建立市场地位。

2. 担心未来的能源成本上升，作为对这些费用的保障，而渴望建造节能建筑。

3. 渴望做正确的事，认识到环境管理和员工福利是大学任务的中心，这些福利包括关注员工的健康和生产。

4. 学生和教师的压力，包括强烈的渴望环境和社会责任的“言行一致”。

为了响应这些驱动力，并使高校中的绿色建筑能引人注目，许多学院和大学校长要求所有新建筑项目至少达到 LEED 银级认证。2005 年，华盛顿立法机关对所有国家资助学校的成就授权。表 9.1 显示了在高等教育中绿色建筑的驱动力和企业效益情况。

高校绿色建筑的驱动者　　表 9.1

高校绿色建筑的驱动者
1. 节省能源成本和公共基础设施
2. 美誉度的提升或维护，公共关系
3. 国家级任务（公共机构）
4. 来自大学校长或学院院长的总裁及领导
5. 来自学生和教师对各类绿色建筑的压力
6. 招聘学生首选
7. 教师招聘的首选（这仍然是投机）
8. 为校园建筑吸引新的捐助（这仍然是投机）

由科林沃曼建筑事务所设计的华盛顿大学新的本杰明跨学科研究大楼是通过“设计，建造，营运及维持”与一家私营公司签订合同促成的。在这个过程中，项目开始时就作为一个整体来投标，在保证价格的同时，设计者建设者有义务运营和维护建筑，建筑材料和系统的决定是基于对全生命周期成本和效益上的考虑。每年的能源节约预计为 22 万。该建筑比典型的大学实验楼更高效、更灵活，允许更广泛的用途，在同一屋顶下一层一层的完成。该项目在 2006 年获得 LEED-CS 金级认证，在该国的高等教育机构建筑中是第二个获得 LEED -CS 成就的。[9]

一个主要大学的建筑师，设计了俄勒冈州波特兰市内尔斯厅的 YGH 建筑，说：近年来，可持续建筑已经变得不那么新奇，对于健康、操作成本和生态管理的问题有了更多的回应。按照绿色建筑标准设计的建筑物在大学校园内随处可见，高校正在扩大项目规模，超越单个建设项目而发展成为全面的校园可持续性。例如，美国加州大学（UC）和加州州立大学（CSU）[与联合的 33 校区] 已经形成每年一次可持续会议的制度，来促进新的做法并确保项目的成功。2005 年，洪堡州立大学的学生在校园以压倒多数的投票通过了支持可持续做法的倡议。[10]

驱动力和商业效益的因素导致了高等教育建筑中的绿色建筑数量较多，根据加州大学的 S · 克莱尔说：

有很多的驱动因素：环境标准、环境状况（越来越多的气候变化）、健康关怀、能源成本。对于大多数机构而言，后者可能是主要的驱动力，其他驱动力作为附带福利。例如，美国加州大学遭受能源成本上升的同时，国家财政拨款却维持不变或降低。所以有强大的动力甚至必须减少能源成本，这是绿色建筑实现这一目标的手段之一。

美国加州大学默塞德新校园，是其第十个校园，因新的中心设施楼最近获得 LEED 金级认证。加州大学默塞德校园将 LEED 银级认证作为校园所有新建筑物的最低标准。该建筑群包括三座建筑：一个三层的单位楼是这所大学大部分的电力和基础设施运营间、一个电信楼、一个两百万加仑的储水罐。

图9.1　由科林沃曼事务所设计，在华盛顿大学第二教学大楼本杰明礼堂获得LEED-CS金级认证。照片提供：科林沃曼事务所卡伦 · 斯泰肯。

在夜间，水是储存在储水罐中并冷藏，当电力需求最低时，然后通过白天的蒸发降低建筑物温度，该过程使每座建筑物节能 12%~14%，有助于达到美国加州大学严格的节能要求。总体而言，在其运作的第一年，复合的使用比目前国家标准建筑物减少了 35% 的能量。[11]

规模大的学校与规模小的学校、公立大学与私立大学或学院，其建设绿色建筑的驱动力是不同的。一个大的区别是私立学校可以结合资本和经营预算考虑能源投资效率的生命周期成本，而大多数公立学校却不能。大部分立法机关从资本预算经营成本中独立出来，除了使用第三方“能源服务公司”来与大学一起吸引资本投资和分享股息，并没有提供能结合他们体制的制度。

私营机构获得 LEED 认证的成功建筑案例是华盛顿州塔科马市的太平洋路德大学，最近建成了用于学习和技术研发的莫肯中心，一个集成的数学、计算机科学和商业的学习环境，除了其丰富的采光，莫肯中心不需要化石燃料来运营，采光是由建筑师齐默尔・G・弗拉斯卡设计的。除此之外，55000 平方英尺造价 210 万美元的建筑用尖端的地热系统来供暖和降温，其由存储在位于地下 300 英尺的 85 口井来调节此系统的温度。为了进一步减少能源使用，它的照明设备节能 33%，而每个灯具提供光能比标准系统提供多 25%。[12]

图9.2　作为一个的强大广泛校园LEED的承诺的一部分，美国加州大学默塞德新校园的中心设施楼最近获获得了LEED金级认证。由斯温纳顿建筑商提供。

图9.3　由齐默尔·G·弗拉斯卡设计，位于华盛顿州塔科马市路德太平洋大学的莫肯中心设计要求没有化石燃料的提供作为运作能源。提供人：齐默尔·G·弗拉斯卡事务所

高等教育建筑数量在学校建筑中占有重大的比例，在 2006 年获得 LEED 的认证一些具有代表性的项目有以下内容：

加拿大英属哥伦比亚大学生命科学中心，金级 LEED 认证。

哈弗福德学院（宾夕法尼亚州）综合体育中心，金级 LEED 认证。

中央大学（爱荷华州），学生宿舍，金级 LEED 认证。

格林内尔学院（爱荷华州），环境研究所，金级 LEED 认证。

卡耐基梅隆大学（宾夕法尼亚州），协同创新中心，金级 LEED 认证。

沃伦威尔逊学院（北卡罗来纳州），奥尔别墅，金级 LEED 认证。

维多利亚大学（英属哥伦比亚），医科大楼，金级 LEED 认证。

宾夕法尼亚州立大学，建筑 / 景观建筑，金级 LEED 认证。

俄勒冈州立大学，凯利工程学院大楼，金级 LEED 认证。

耶鲁大学（康涅狄格州），马龙工程中心，金级 LEED 认证。

科罗拉多市博尔德大学，科技学习中心，金级 LEED 认证。

朱迪·沃顿一直密切关注校园的可持续发展。[13] 过去几年，她见证了校园可持续性项目爆炸性的增长,绿色建筑和设计是校园可持续性的一个重要组成部分。

据沃尔顿说,至少有 40 个高等教育机构都采用了绿色建筑的策略。此外，华盛顿州对所有新的国家资助兴建的建筑物有一个 LEED 银质规定，包括那些公立学院和大学，而且加州大学系统有一个绿色建筑政策，该政策牵扯到所有十个校区。亚利桑那州立大学有一个州长的行政命令，规定指出所有新的国家资助建筑至少满足 LEED 银质标准。

到 2007 年初，至少有 60 个机构在校园内拥有一个或多个 LEED 认证的建筑，这些建筑总共超过 75 个。

在过去的五年里，这些代表建筑所占的比例小于所有高等教育建筑的百分之五。但到 2010 年绿色建筑有可能成为高等教育建筑规定，因为许多地方努力绿化自身校园已经得到收获。表 9.2 列出了新建筑已获得 LEED 认证的大学。

利斯·夏普自 2000 年以来指导哈佛大学开始绿色校园行动，并且已经看到哈佛致力于可持续发展的成果和变化。当我第一次被聘请到哈佛，这里并没有坚定承诺这一点，它只是一系列矛盾的边缘问题——一个可有可无的问题。我从澳大利亚来这里的作用是真正将这个问题提到学校工作的中心，作为学校重点工作来考虑。我们用了前四年的时间建立关系，加强沟通，因此他们逐渐明白了，学校教职员工、学生的决定与他们的决定对环境可持续发展的作用。[14]

高校和高校 LEED 的倡议　　表 9.2

亚利桑那州立大学	莱斯大学（得克萨斯州）
波尔州立大学（印第安纳州）	圣克拉拉大学（加利福尼亚州）
鲍登学院（缅因）	纽约州大学（各种）
布朗大学	加州大学（全系统）
加州州立大学系统（各种）	辛辛那提大学
卡耐基梅隆大学	佛罗里达大学
克莱姆森大学（南卡罗莱纳州）	北卡罗来纳大学教堂山分校
康涅狄格大学	俄勒冈大学
达特茅斯学院	南卡罗来纳大学
杜克大学	佛蒙特大学
埃默里大学（佐治亚州）	华盛顿大学
佐治亚理工学院	华盛顿（州）社区学院
哈佛大学	
刘易斯和克拉克学院（俄勒冈州）	
麻省理工学院	
西北大学	
奥马哈城市社区学院	
皮特泽学院（加利福尼亚州）	
波莫纳学院（加利福尼亚州）	
普林斯顿大学	

夏普的言论表明，大学和所有各方进行对话非常需要。与大多数大型机构不同，大学对分散决策，民主决策的过程有一个长期承诺。（一个有 20000 工人的 CEO 比 20000 名学生的大学校长有更多的能力来做事情！）她的经历反映在致力于获得正确的过程和结果，包括在没有增加成本的情况下完成哈佛第一个获得 LEED 铂金认证的项目。在剑桥 46 黑石街的这栋建筑被哈佛大学运营服务集团以及哈佛绿色校园组织使用。44500 平方英尺的办公楼项目用玻璃中庭连接两个旧建筑物，节能性能在模拟中比法规规定的高效 40%，项目少用 40% 的自来水，并且在场地内建立了一个雨水处理池。它购买可再生能源，以抵消其剩余的所有用电。[15]

主要设计挑战是如何转变两个历史建筑成为一个建筑。国家的最先进的绿色建筑将提供一个协作工作环境，同时确保使用者的健康和舒适。该设计方案在现代的工作区最大限度地遵守可持续发展的原则。一个新的垂直光槽连接两个以前独立建筑物，对新“发现”的室内空间提供日光。[16] 哈佛大学的绿色校园行动把可持续发展的设计和建设实践作为“哈佛未来计划模式”。[17]

夏普解释说，过去这四年，我们能够建立起一个核心团队，成员们真正开始认为他们有责任完成这项任务。同时我们努力发展服务，所以，一旦他们决定他们想要做或希望做一个绿色建筑，然后，我们提供真正的服务，支持，

图9.4　布鲁纳与科特合伙人事务所对哈佛有100年历史的黑石站改造获得了LEED金级认证。拍摄者：理查德·曼德尔科恩。提供人：布鲁纳与科特合伙人事务所

技术专长，以及零利率贷款，帮助他们实现这一目标。通过有效的宣传和教育相结合，还提供服务和专家的协助。我们已经能够使大学达到一个点，在这个点上对于可持续发展是很自信的，对于他们如何做和可以做变得越来越有斗志。[18]

中学教育建筑的绿色化

与高等教育建筑市场并行，基础教育建筑市场继续增长，在许多州，移民人口的增长加快了学校建筑的建设，也需要更换或翻新旧学校。然而，由于大部分基础教育项目资金的独特性，例如要通过学校为纽带。近年来建设成本的快速增长严重影响了他们的项目采用绿色建筑建设措施。许多项目都将削减所有附加设施只是为了能够完成他们的基本要求，并按时对学校开放。

在这样的环境下许多变化正在进行，安妮·舍普夫是西雅图的建筑师，也是曼幕建筑事务所的合作人。在她的教育建筑设计经验中，她说："社会压力导致产生更多的绿色学校，因为学校董事会和员工们往往意识到对环境问题的教育，还有为改善室内空气质量需要的压力。关注学生的场景空间使我们获得大量的解决方案。"[19]

一个军官学校调查确定了用于绿色教育建筑项目六个主要关键点。[20]

1. 希望降低运营成本，由 92% 的受访者提到。

2. 希望提高学生和工作人员的健康状况和福利，88%。

3. 能源成本增加，87%。

4. 重视学生的能力，77%。

5. 重视员工的能力，64%。

6. 效用回扣及其他奖励，61%。

调查显示，学校设施董事认为硬件利益是重要的（如减少公用事业费用）；但是他们也频繁的提到软收益（如改善健康状况和创造力）。

由于学校运营和维护预算的三分之一在能源和其他公用设施上，很容易明白为什么降低营运成本被经常引用，[21] 什么是绿色校园建筑主要的障碍呢？同一项调查说明，87% 的受访者认为，高成本是首要障碍。而 60% 列举了做不同的事情得到批准的时间和成本。45% 认为不同的资金计算和经营成本是一个障碍，因为这使得它更难用生命周期成本的理由来证实额外的节约能源投资。[22]

图9.5 由LPA设计，加利福尼亚州长滩的塞萨尔·查韦斯学校，相比传统的学校每年少用33%的能源和节省11000加仑的水。拍摄者：科斯泰亚。感谢LPA提供。

一个早期的绿色学校建筑设计的例子是加利福尼亚州长滩的塞萨尔查韦斯小学，是一个2000年由LPA建筑事务所设计的项目。可持续功能包括可操作的自然通风窗户，以及从天窗透过的丰富的自然光，轻型货架，防晒霜和屋顶光显示器。[23]学校决定纳入LEED评估计划。运营后一年，查韦斯小学通过低水位利用的景观和气候控制的灌溉系统，比按照国家能源建成的建筑少用33%的能源和少用10万加仑的水。[24]

西雅图的绿色建筑顾问凯瑟琳·奥布莱恩讨论了她关于绿色建筑任务的经验，指出其在2005年席卷了美国华盛顿州的学校。

2005年华盛顿州议会有一项倡议，要求所有州政府出资的建筑物都要获得LEED银级认证，学校抵制这种倡议。我们坚持帮助学校建立一套适当的称为华盛顿可持续学校议定书的准则。[25]这些准则是自愿的，但学校知道他们可能会成为需要。为了证明他们的作用，我们在全州的五所学校试点项目使用绿色指南，同时了解应用协议的任何问题。截至2007年7月1日，所有学区要求2000多名学生遵守协议，一年后，对其余的学校也将提出要求。在此期间，我们与当地的美国绿色建筑委员会分会和国家的公共教育（OSPI）司办公室一起举办了专题研讨会，介绍协议、法律要求以及投资基金。认识到人是因改变自然环境变得不舒服，培训和新的要求为改变状况提供了机会，所以学校需要采取措施并适应这一要求。[26]

除了任务，许多学校已经试行绿色建筑LEED和相关准则。在加利福尼亚州和其他三个州，与申请LEED认证一起正在贯彻对高级别学校合作(CHPS)的指导方针。[27] 这些准则包括一个综合系统的基准，是由 CHPS 技术委员会设立，学校的目标是提高设计性能。这一绿色建筑评估体系，旨在对基础教育学校而言。CHPS 旨在促进环境，不仅是能源效率高，而且健康、舒适、明亮与优质教育所需的设施。截至 2007 年 3 月 18 日在加利福尼亚州区通过了新的学校建设 CHPS 指引。[28]

目前，250 多个学校项目包括新建筑项目已经在美国绿色建筑委员会申请并努力获得 LEED 认证。2006 年的一项研究发现，学校有可能成为下一个绿色建筑的主要市场。其他的发现包括以下内容：

1. 对“改善健康和福利”的关注是最关键的推动绿色建筑教育的社会因素——以前没有对商业及小区绿化建设市场的进行深入评价研究。

2. 250 多个学校项目包括新建筑项目已经在美国绿色建筑委员会注册并追求 LEED 认证。

3. 更高的初始成本是这一领域绿色建筑的主要挑战，尽管现在研究发现初始成本增加量很小，远远小于建筑物的运营节省的成本。

4. 绿色建筑预期的运营成本下降是绿色校园建筑尽快实施的最重要因素。

5. 有一个获得绿色建筑产品和信息的强烈需求，特别是那些改善健康，如产品，降低模具和室内空气污染物。[29]

绿色校园的益处

研究人员认识到自 20 世纪 90 年代末以来，采光和户外赏景对提高学校的质量超过 20%。一个对加州、科罗拉多州和华盛顿 21000 名学童测试及性能研究统计，证明了对绿色学校的设计评价。[30]

2002 年的一项工程，58000 平方英尺的俄勒冈州万茂阿什河中级学校，由 BOORA 建筑事务所设计的，表明采光良好的设计和有效的学校建设成本完全匹配。[31] 在每平方英尺 124 美元的建筑成本上，学校每平方英尺建成费用比当地其他中等学校的约少 10 美元。能源使用量估计低于俄勒冈州能源准则的 30%，为每年学校节省了 11000 美元。

被动式太阳能建筑设计理念是关键，据波拉事务所的海因茨 · 鲁道夫说，他通过带领大家参观他设计的其他学校来使学校建设委员会信任他提出的措施。考察了 LEED 银级和金级认证的各学校。如果申请了 LEED，鲁道夫有信心让阿什河学校获得银级认证。[32]

图9.6 由波拉事务所设计，俄勒冈州蒙默思的阿斯布鲁克中学，每平方英尺比其他地方少用10美元。拍摄者：莎丽，波拉事务所提供。

调查还显示，大多数经验丰富的观察家认为，绿色学校有巨大的利益。2005 年一项由图勒建筑公司对 665 建造业的高管的调查显示，他们认为绿色基础教育学校有以下好处：

- 改善社会形象 87%
- 能吸引和留住教师，74%
- 减少学生旷课，72%
- 改善学生的表现，71%
- 少于 20 年的经营成本，73%[33]

绿色校园的报告

2006 年后期，著名的研究人员格雷戈里・卡特斯出版了绿色校园革命的成本与效益研究成果。这项研究得到了美国绿色建筑协会、美国教师联合会、美国建筑师学会、美国肺病协会、美国科学家联合会的支持，该项研究的许多结论同样适用于高等教育，但他们对现状中学教学楼设计、更新和改建是灾难性的。该研究调查了对全国学校平均每平方英尺 150 美元造价的绿色学校成本和益处，认为成本增加百分之二，或 3 美元每平方英尺。[34]

报告指出，“绿化美国的学校”发现建设绿色学校可以平均每年节省 10 万美元的成本，足够支付两个额外的教师网。该报告展示并开辟了新篇章，绿色学校极具成本效益。从绿色学校得到的经济利益超过了投入费用的 20 倍。表 9.3 显示了绿色学校的建设和运营效益计算，基于 2001~2006 年对 10 个州 30 所绿色学校的研究。

道理很简单。如果你是学校的董事会成员、督学或是孩子父母，你应该记住，这方面的事实让你支持绿色学校建设。绿色学校的净效益超过投入费用的 8 倍，增加 8 倍效益。不包括从教师的福利和保留较高的绿色学校承担费用所产生的额外的工作，带来的好处仍然大于投入费用的 6 倍。对于 600% 的投资回报率，选择绿色建筑是明智的。算上公用事业的成本节约，效益大约是投入费用的 3 倍。

研究结果的宣传推广，使得在 2007~2010 年期间绿色学校的设计和施工活动在加速。除了高级别的未来绿色项目设计，不必再向学校建筑师和管理人员提供更多的说明，现在是他们采取绿色行动的时候了。

绿色学校的经济效益　　**表 9.3**

利益范畴	每平方英尺效益
能源	$9
减少排放	$1
污水公用事业法案	$1
学生终身收入的增加	$49
哮喘的减少源于更好的空气质量	$3
感冒的减少源于更好的空气质量	$5
教师保留	$4
影响就业的更高成本	$2
总计	$74
绿化费用（2%）	（$3）
财务利益	$71

第十章
住宅建筑革命

2007年绿色住宅风靡房地产市场。2006年，在建造了17.4万栋能源之星认证的独栋住宅的基础上，按照LEED-H住宅认证标准（适用版）和全国住宅建筑商协会（NAHB）的绿色示范住宅导则，以及几十个地方绿色住宅评估体系，住宅建造商建造和认证了上千栋新建住宅，这些住宅不仅满足节能要求，而且创造了更健康、更环保的居住环境。[1]

最近的一个关于住宅建造商和绿色住宅购买者的调查，证实了这种情况。在2007年的一个会议上，来自麦格劳·希尔建造公司的哈维·伯恩斯坦说“建造真正的绿色住宅，不再是仅仅增加节能措施或者某个单一方面就是绿色的，人们开始更加注重绿色建筑的整体效益。”[2]

同样就在当今，由于新住宅建造速度减缓，促使了建造商为他们的产品寻找新的卖点，而绿色建筑方法恰好符合这一要求。居住建筑对绿色建筑市场的重要性由一个简单的事实中可见：尽管2007年比2006年的新居住建筑减少了15%，但是据粗略估算，新居住建筑的价值和所有的商业建筑是一样的，都是4000亿美元。2007年，开发商将建造110 ~ 130万栋新独栋住宅和30万户公寓住宅。[3]到2030年底，全美50%的住房存量将是2007年之后建造，这就意味着绿色建筑将具有不可预测的发展机遇。[4]

考虑加利福尼亚州罗克林的格鲁普公司的卡斯滕联合开发，纽兰社区惠特尼牧场的一部分。[5]格鲁普是一个对节能和可持续发展具有很强意愿的开发建设单位，该公司拥有综合的注重能源效率的客户培育计划，开发的每个示范住宅都拥有能源使用特色和能源创新技术的展示，如太阳能热水板、即插即用热水器、防辐射墙体及屋面隔热。[6]

平均2500平方英尺的住宅依旧设计了2.4千瓦的光伏屋顶一体化发电系统，主要得益于联邦政府和加利福尼亚州政府对太阳能发电的鼓励政策。太阳能供电和节能住宅的市场力量得到证明，到2006年5月底，公司共销售23栋绿色住宅（总共建造了30栋）。2006年到2007年间，加利福尼亚北部的其他大型住宅开发商，包括桑达克斯公司和莱纳尔公司，都紧跟其后，发明

图10.1 格鲁普公司开发的位于加利福尼亚州罗克林的卡斯滕联合项目，突出设计新建筑的节能措施，包括光伏屋顶一体化太阳能发电系统。感谢由格鲁普公司提供资料。

了以采集太阳能为动力的屋面瓦。[7]

甚至是房产中介，在推荐用户找房的时候，都建议选择绿色住宅。2007年2月，俄勒冈州的地区多元上市服务推出了一个新的网络菜单选项，允许购房者按照住宅的性能进行搜索，以便找到通过一种或者多种认证的住宅：能源之星、俄勒冈的有利地球计划和住宅的LEED评估体系。[8]

能源之星住宅

赢得“能源之星”称号的住宅必须满足美国环境保护机构制定的节能指标并提交场地验收报告。“能源之星”认证的住宅至少比按2004年国际居住规范建造的住宅节能15%。2006年，有174000栋新独栋住宅按照“能源之星”的标准建成，占所有新建住宅数量的12%。

据测算，每一个通过“能源之星”评定的住宅每年节省2000千瓦时电能，在公用事业消减法案中相当于节省200美元。[9]“能源之星”认证的住宅包括各种节能措施，例如高水平、高性能的隔热玻璃，坚固的外部构造，不外露的管道设置，更高效的加热和冷却设备，节能认证的灯具和器械。这些措施提高了住户的舒适度、降低了能耗需求、减少了空气污染，在改善在住宅质量上发挥了重大作用。

住房建筑商协会的指导方针

在这个十年开始的时候，全国住宅建设者协会就制定了典型绿色住宅建筑指导方针。从那以后，很多地方和州的住宅建筑商协会就采用了这些指导条例，作为他们自己的绿色建筑认证项目的基本前提。住宅建筑商协会还和绿色建筑倡议合作，共同推进使用这些条例对住宅建筑进行认证。[10]

住宅建筑商协会的指导方针提供了三个认证等级：铜级、银级和金级。项目必须达到最小的得分要求，以下就是 7 条针对建造者和环境保护的指导原则，确保整个系统方法的平衡。[11]

- 场地设计，准备和开发
- 资源利用效率
- 节能
- 节水
- 室内空气质量
- 运营、维护和住户培训
- 全球范围的影响（如使用低挥发性产品）

其他的住宅建筑商协会提供的项目都是选择科罗拉多绿色建造体系（丹佛的 HBA 计划）进行评估的，在过去的 10 年里，通过这个体系评估的新住宅已经超过 30000 个。这个计划据称在丹佛地区拥有着 28% 的住宅市场，有 140 个住宅建筑商参与其中。2006 年，这个计划的目标是认证 6000 个新住宅。[12] 大部分住宅建筑商的项目都是自我认证的，这和 LEED-H 认证及“能源之星”认证有很大的不同，LEED-H 及“能源之星”认证都是需要现场核查和做一些测试，借此获得第三方机构的肯定。

绿色建筑倡议计划现在是可行的，因为来自美国 10 个州的 11 个地方住宅建筑商组成联盟给予了支持。全美现在存在 40 多个绿色住宅评估计划，有一些是存在已久的，像得克萨斯州奥斯汀的奥斯汀能源计划，亚利桑那州斯科茨代尔的都市计划。[13] 有些评估体系是由非盈利组织制定的，如加利福尼亚的“建造绿色建筑”和俄勒冈的“有利地球”。[14]

评估体系和认证组织的不断繁衍，使住宅建筑商和购房者感到了困惑。因此，我希望能够出现一到两个全国性的绿色住宅评估标准。

住宅的 LEED 认证

随着其他的 LEED 项目的成功，美国绿色建筑委员会在 2005 年推出了住宅的 LEED-H 认证标准，争取以两年为一个周期对项目进行评估。到 2007 年 3 月，LEED-H 评估体系拥有将近 300 个参与的建筑商，1000 个登记在案的项目和 6000 个登记的住宅单元。在登记的项目中，18% 属于不太昂贵的住宅单元，而 58% 属于大型的，或者说其中 2484 个项目是多住户的单元。到 2007 年 4 月，有 63 个项目完成认证，共有 159 个住宅单元，平均每个项目是 2.5 个单元。

位于俄勒冈莫热的莫热克里克之家是 LEED-H 的一个早期试验项目，莫热是哥伦比亚河岸的一个小镇，位于波特兰东部 50 英里。这个项目是由城市基金建造，包括获通过 LEED-H 银级别认证的 22 栋小镇住宅和 12 套公寓。屋顶太阳能光伏发电系统提供了将近 50% 的能源需求。

为了降低太阳能系统的额外成本，开发商创建了一种独立的合作关系，将建造、所有权和运营使用独立开，利用州和联邦税务减免和地方公共事业鼓励政策。莫热克里克有限公司拥有这个体系，所以住宅业主只在商业领域分享鼓励政策和经济利益。（住宅业主的税务减免政策被限定为：安装一种太阳能系统获得 2000 美元减免。）

由于这些商业所有权的安排，五年里，莫热克里克有限公司将能够节约大约 22000 美元，而这个项目中每个单元安装太阳能发电系统的初始成本为 28000 美元。[15] 据开发商申明，这些住宅将都全部通过能源之星的认证。

开发商彼得·埃里克森表述了他对 LEED-H 计划的经验感受：

我申请 LEED 认证的最终成本是每个住宅 3500~4200 美元，比不申请认证成本高。我最后测试了这个建筑的性能情况，检测它是否节能。测试涉及各个方面：照明用电量，能源耗电量，每小时通风换气。测试的结果是，这种住宅比按照当地规范建造的房屋减少了 30% 的能耗。如果你对额外的成本投入有长远的认识，就会知道增加的 4200 美元建造投入可以在三年内从它减少的能源费用中受益。所以，这一点将是别的建造商不具有的营销优势。[16]

这些绿色优势也帮助埃里克森增加了对这个项目的投资，他解释说："我有一位投资商，他愿意接受较低的回报，用于实践绿色和太阳能时尚。因此，他可能不会获得较低的回报，因为我们的销售额并不低，而且我们的销售前景相当乐观。"

集合住宅

当前绿色集合住宅市场的快速发展，反映出开发商的意愿——城市住宅对环境问题的关注。到 2007 年夏天，已经有 10 个公寓房间和公寓大厦项目通过了 LEED-NC 认证。除此之外，当前所有登记的项目中，有 5% 的项目（200 个）都是集合住宅。

“集合住宅开发是受环保住宅的驱动，尽管在开发之前没有考虑过建筑物的类型、质量是否满足特定的绿色标准，”城市开发专家约翰・麦克尉恩说：“即使在环境方面是健康的，独栋住宅开发对环境的不利影响远远大于公寓住宅或者小型公寓大厦。”[17]

2005~2006 年间，我曾有机会生活在一个通过 LEED 认证的公寓建筑中 6 个月，这个建筑位于俄勒冈波特兰的路易莎公寓塔楼，总面积 285000 平方英尺，242 个单元，16 层，2005 年建成。它建在一个方形街区的零售中心上部，是杰丁・艾伦的啤酒厂街区开发的一部分，在第七章中有介绍，获得 LEED 金级认证。

我喜欢这个项目中的众多措施：竹地板，双抽水马桶，密实的建筑外维护结构使建筑内部很安静，低挥发性的隔墙、地毯、涂料等，当我作为第一个租户搬进去的时候，闻不到那种“新住宅的气味”。最好的是，公寓是无烟的，这是 LEED 住宅的一个要求。二层楼板的 50% 是覆盖绿化的屋顶平台，提供了一个位于城市街道上部的花园般的场所。与类似的当地项目相比，这个项目中节能达到 40%，公寓的阳台被设计成能够为下部单元的窗户提供夏季遮阳的形式。这个项目在第一年开盘的时候就全部出租完毕，业主获得了小镇上最高的租金——我个人完全可以证实这一点。

另一个典型的集合户绿色项目是亚伯达省卡尔加里的阿卡文托项目，由风车开发集团开发，2006 年建成。这项目由巴斯比・帕金斯 + 威尔建筑事务所设计，位于镇中心的再开发区的两个位置，这两个 3 层的公寓建筑项目每个各有 22 个排屋，采用的是一种积极的方法满足环保目标。为了通过 LEED 铂金级认证，成为加拿大住宅开发中的翘楚，这个项目中采用的可持续设计首创策略包括加强型的建筑外围护结构设计，雨水回收，中水循环再利用，双抽水马桶和光伏发电。这些建筑的设计目标是相比于常规建筑，节能 50%、节水 60%。[18]

纽约的两个 LEED 金级认证的公寓建筑，索勒里和海伦娜，推动了绿色项目的发展。这两个项目于 2005 年建成，由 FXFOWLE 建筑事务所设计，总

图10.2　一个LEED-H的试验项目，城市基金的位于俄勒冈莫热的莫热克里克之家，综合了太阳能热水和光伏发电系统。感谢由都市基金会提供资料。

面积60万平方英尺，有580个公寓房间组成，共有37层。坐落于哈得孙河第57街西侧，这个项目包括一个室内污水处理厂，用于现场发电的高效微型燃气轮机和一个12000平方英尺的绿色屋顶。据测算，与附近类似的项目相比，能源成本降低33%。每年饮用水节省的量大约是150万加仑。一个13千万的光伏建筑一体化系统，安置在建筑屋顶上，而且项目中除了使用装置的提供的50%的电能外，都是购买绿色电能。[19]

买得起的绿色住宅

在建筑和社区开发中，有一个需要考虑的因素是设计和建造负担得起的绿色住宅，其中代表性的就是多户住宅。其中一些重要的推动力和支持来源于企业社区合作伙伴的绿色社区计划。[20]全球绿色美国和家得宝基金会的建立，

图10.3　路易莎公寓塔楼是位于俄勒冈波特兰啤酒厂街区开发中的一个16层建筑，由GBD建筑师设计，拥有一个二层的绿色屋顶，首层是零售商业。拍摄者：红色工作室的格雷格·加尔布雷斯。杰丁·艾伦提供。

都起到了一定的促进作用。为什么接受资助的人没有机会享受更低的公共事业账单、更健康的室内空气和绿色建筑带来的其他益处？

为什么平均公寓不能是节水、舒适和廉价营运的呢？

绿色社区计划已经投入了 5.55 亿美元，在未来五年里，建造 8500 个能够支付的绿色住宅单元。绿色社区已经“综合了许多来自主流绿色建筑运动的创新设计，包括环保可持续材料的使用，降低对环境的影响，提高能源效率”。绿色社区接受了进一步绿色化某些步骤的建议，强调设计和材料，维护居民的健康，出入口设置也选择与公共交通站点比较近、简单可达的地方。[21]

模块化的绿色住宅

2007 年，大约有 100000 户人工建造的住宅将出售。其中有许多经过微小改造后就可以成为绿色住宅。[22]2006 年，第一个“超级绿色”模块化住宅进入市场。这个名为“家园”的住宅位于加利福尼亚州的圣莫尼卡，由瑞·卡配设计并由斯蒂文·杰伦建设，它已经通过 LEED-H 铂金级认证，获得 108 个评分点中的 91 个点。[23] 这个 2500 平方英尺的“家园”的成本在工厂时预计约为 200~250 美元每平方英尺，而当其在建设场地完成时约为 350 美元每平方英尺。

图10.4 风车开发集团的阿卡文托项目，位于亚伯达省卡尔加里，由巴斯比·帕金斯＋威尔建筑事务所设计，拥有44套公寓，申请LEED铂金级认证。巴斯比·帕金斯＋威尔建筑事务所提供资料。

这个住宅赢得了2007年度的NAHB的能源价值住宅奖。[24]

米歇尔考夫曼设计公司设计出了滑行房和日落微风房，日落微风房最重要的特征是中心的通风空间，位于独特的蝴蝶形屋顶下面。成本范围在150~250美元每平方英尺，其中包括了基地开发的费用。关键的可持续设计点包括照明，材料和布局。[25]

低能耗照明设计特点包括以下几方面：

- 使用开窗设计降低人工照明的需求
- 节能荧光灯

环保材料包括以下内容：

- 可再生能源，可循环再造物料如竹地板和回收纸做的精致简洁的台面
- 浴室的节水装置，如双冲水厕所
- 厨房中的不含甲醛的橱柜和能源智能家电
- 使用无毒油漆粉刷房子的墙壁
- 即插即用的热水器
- 辐射采暖系统

可持续设计布局功能包括以下内容：

- 所有主要房间能交叉通风
- 在通过微风空间设计大且可调控的门，使得风冷程度最大化。
- 倾斜的屋顶是为了运用蝶形屋顶构造的太阳能电池板
- 喷涂在屋顶保温节能涂层

从这个项目单很容易看到，所有这些模块化住宅元素可以组合成批量生产的住宅、公寓等，来创建节能，节水，健康的家园。但是否有足够的市场需求，让建设者和开发者改变他们目前的住房样式和市场供给？

图10.5 米歇尔考夫曼设计公司制作的“日落微风房”这是一个内外边界模糊的模块式绿色住宅。詹姆沃特摄，感谢米歇尔考夫曼设计公司提供资料。

绿色住宅革命

2007年麦格劳·希尔做的一个对341位绿色住宅购买者的调查中揭示了一些有趣的情况。在这个调查中，绿色住宅被定义为一个具有节能和至少两个其他环保措施的住宅。据2007年NAHB的国际绿色建筑会议研究报告，其结果表明绿色住宅拥有者往往是比平均值更富裕的和受过更好教育的客户群，并且他们在南部和西部的居住分布不成比例。71%为女性，65%为已婚，并且他们的平均年龄是45岁。在一个292000美元的住宅价格基础上增加平均

18500 美元的额外费用，从 2004~2006 年每年有 18000 个绿色住宅被售出，价值 3.3 亿美元。[26] 到 2010 年，麦格劳・希尔估算出绿色住宅市场将在 7~20 亿美元间浮动，这个跨度反映了这个市场 2006 年以来增长速度具有极大的不确定性。

调查中最引人注目的发现是客户群中购买绿色住宅比例最高（28%）的是那些从朋友那听说绿色住宅居住舒适程度高的人。20% 的人了解绿色建筑是从电视上看到，14% 的人是从互联网上得知的。最终，有 85% 的人会把绿色住宅推荐给其他人。

是什么激发了绿色住宅购买者的购买？最重要的因素是希望节约能源费用（据 90% 的调查对象反馈）。85% 的人想要更加优越的性能，而 80% 的人是因为受一些种类的现金奖励的鼓舞。69% 的人表示很担心不断提高的能源成本，而 52% 的人把第三方认证作为购买的一个理由。还有的影响因素包括公共事业的高成本 (84%)，关注环境保护（84%），健康原因（81%）和较高价值的住宅的良好前景（73%）。[27]

60% 以上的调查反馈中都表明有限的消费者意识、额外追加的成本和住宅使用的有限性是绿色住宅占据更广阔市场的障碍，而消费者教育是最大的需要解决的问题。尽管如此，参考积极的调查结果可以发现，绿色住宅评估计划数目不断增加，而明确表达兴趣的建筑商也遍布全国。基于以上内容，2007 ~ 2010 年绿色住宅看起来将会有重大的增长。现在已经有成百上千的能源之星住宅，而且 2007~2010 的四年里，还有超过 500 万个住宅将要建造，这样如果要实现到 2010 年底有 100 万个住宅通过几种类型的绿色认证的目标，也就意味着 20% 的绿色住宅将在这个时期内建设。

但是现在绿色住宅依旧存在很多重大的阻碍，初期的成本投入和表达不明的需求。还有其他的阻碍见表 10.1，为了解决这些障碍，我们希望看到所有级别的政府——联邦、州、地方政府——提供鼓励政策去推动绿色住宅的增长。地方政府特别是关注全球变暖和公用系统增长的影响的时候将会用到它们，但是在大部分地区，鼓励政策的使用将会更加频繁，至少在未来五年里。这些鼓励政策有可能包括税务减免和回扣，销售税和财产税免除（全部或者部分），加快许可过程，加快土地使用的批准。

绿色住宅增长的障碍（2007 ~ 2010年）　　表10.1

1.绿色策略的额外成本，特别是太阳能系统，节水措施，和高效率的住宅节能
2.住宅认证的成本较高（建筑商不想付超出300 ~ 400美元每个单元的第三方认证成本）
3.缺乏确定的购买者对绿色住宅的需求
4.绿色住宅成本高、营销困难，在所有购买者中占很小的比例
5.围绕确保住宅性能的描述或暗示的法律纠纷问题
6.建筑商的市场销售团队的培训教育需求
7.国内在购买力、住宅设计和建造实践上的需求变化

第十一章
邻里设计和混合使用开发革命

在21世纪初的这些年里，美国开始认识到过去二战时期向郊区扩张的大都市模式是不健康的，而且对自然环境造成了很大的破坏。一些研究关注郊区扩张和不断增长的对汽车的依赖，由此带来了很多关于健康的问题，特别是因为我们越来越多的时间坐在汽车里，越来越少的时间使用步行交通。[1] 2006年的一个报告总结了这个研究，推断出"在居住和商业活动中，更多的亲近亲密能增加个体的感知能力，所以步行或者骑车相比汽车是一种可行的选择。此外，居住在一个混合使用的环境中，去商店和服务设施都可以步行到达，降低了肥胖的威胁。"[2]

我们中很多人居住在郊区或者大都市地区，需要开车去购置大部分的生活基本必需品：添置食物、带孩子去上学、看医生或者任何内容的购物。1980年代以后逐渐出现了公交导向开发和新城市主义的城市发展趋势，从事这方面规范工作的专家有加利福尼亚的彼得·卡尔索普和佛罗里达的安德烈斯·端尼和伊丽莎白·普莱特团队等。[3] 经过合理组织，这些工作在新城市主义和精明增长运动大会中得到了认可和支持。[4]

结果，混合利用革新顺利地进行。生育高峰和年轻人的创造性又回到了城市，开始积极寻找更简单、富裕的生活，大量的志同道合的人聚集在一起。随着对紧密亲切的邻里和社区关系的愿望的再度觉醒，带来了许多有趣的设计挑战，最显著一点：我们怎样把所有这些需求囊括在一个连贯的框架内，满足社会需求、减少能源使用和降低对环境的影响？这个答案就是混合使用开发，将一种用途搁置在另一种上面，在同一个建筑中满足办公、零售、医疗和居住活动，另一种方法就是在同一街区中进行多块开发。

混合使用开发模式的新世界

2006年对4个大型的全国性房地产开发组织的一个调查中发现，25%以上的组织成员都已经开始开发混合使用项目，35%的说混合使用开发在他们总体商业活动中已经过半。[5] 显然，多利用项目是现今商业环境的重要组成部分。30% 的调查受访者都赞同混合使用的定义是“规划中整合了多种功能如零售、办公、居住、旅馆、娱乐和其他功能的房地产开发项目”。对于开发商而言，混合使用开发是以行人为导向，整合生活工作娱乐所有环境需求，实现空间利用的最大化。它往往还具有一些舒适的特征，如公园和其他形式的开放空间，包括显著的建筑式表现和减缓交通拥堵。

在调查的受访者中，93% 的人认为混合使用开发在未来五年里会变得更加重要，主要是因为城市鼓励这种开发模式，对私人开发商在规划、区域决策、鼓励程序和某些情况下的征地给予一定帮助。不断上涨的城市土地价格和不断增长的对综合居住、工作和放松功能的愿望，为上面的观点给出了很好的解释。两个重要的消极方面是，将所有的片段综合在一起需要更长的时间，而不同的项目元素的阶段性开发面临更大的金融风险。受访者还认为混合使用项目成本更高，完成周期更长。

绿色混合使用项目的案例

虽然存在这些不确定因素，但在进行中的混合使用项目比在观望中的多很多。我简要介绍北美的两个著名项目：不列颠哥伦比亚省维多利亚码头绿地和在南卡罗来纳州北查尔斯顿诺里塞特社区。

绿地码头是一个占地 15 英亩，总投资 5 亿美元的混合使用开发项目，由不列颠哥伦比亚省温哥华的凡城企业和当地的风车发展集团（也是文托的开发商，前一章提到过）一起合资建设。它将坐落于维多利亚的中心，与内港相邻，在被污染的废弃老工业海滨沿岸。全部 130 万平方英尺的规划建筑面积，包括多种功能居住、办公、零售和产业空间，绿地码头是维多利亚城市历史上最大型的土地开发项目。完工之前，它预计建设 1100 个居住单位容纳 2500 个新居民，每个单元平均面积 1000 平方英尺。[6]

因承诺要建造 LEED 铂金级项目，这个开发团队打败了资本雄厚的竞争者，赢得了 2004 年一场激烈的公开竞赛。开发商乔·凡·博林翰认为他提出可持续发展的承诺是决定性的因素，源于他在开发第一个 LEED-NC 金级别项目时积累的实际经验，位于加拿大温哥华附近的科技园。[7] 开发商承诺的“三重底线方法”——综合环境、经济和生态——贯穿于项目的每一个部分，包括最近承诺的“温室气体中和”。这个项目将会使用生物气化系统，把生产的木材废料转化成洁净的天然气。[8] 建筑能源使用将会减少 50%，水资源使用将会减少 66%，所有的污水在排入海港前，经过现场处理以后回收利用或者输送到生物过滤器。[9]

加利福尼亚南部，查尔斯顿北部的蔷薇社区，是开发商约翰·诺特的一个梦想。[10] 蔷薇公司征集了3000英亩土地建造了一个城中之城。1990年代末，查尔斯顿政府和开发商同意以公私合营的方式转换出400英亩废弃的海军基地，使用一个前所未有的总体规划，进行混合使用社区的开发。除项目本身占地面积外，这个空前的规划中包括对附近2600英亩土地的再开发计划。

图11.1　绿地码头占地15英亩的混合使用开发项目，开发商的目标是让每个建筑都达到LEED铂金级标准。感谢由巴斯比帕金斯+威尔以及温德迈尔公司提供资料。

2004年，查尔斯顿政府接受了这个规划，授权开发商正式开始改造海军造船厂。这个蔷薇公司的规划鼓励增加密度，减小邻里、公共和商业资源之间的步行距离，改善和综合交通选择，减少和减缓交通拥堵，扩大公共空间和娱乐选择，重建社区联系和保护重要环境资源，例如流入查尔斯顿市海港的库珀河。这个州的第一个通过LEED认证小学校园就是这个再开发项目的一部分。蔷薇公司直接负责开发的是3000个新的居住单元和200万平方英尺的新商业空间。[11]

第一个蔷薇街区，占地55英亩的奥克台保护区，展示了多种可持续规划和建筑措施。2007年正在建设中，它将成为绿色社区的典型案例，全美涌现的许多以环境保护为重点的项目中的一个。是什么让奥克台保护区变得与众不同，特别是对于东南亚地区，是因为这个开发项目坐落于先前遭毁坏的世纪橡树街区，将重建成为一个完全的城市中的绿色街区。每一个303平方英尺的独栋住宅和74平方英尺的排屋，建设中将采用可回收利用装置、高效节能措施和可持续建材，并且将会申请获得由亚特兰大的朝阳能源研究所制定的“地球住区”绿色住宅标准认证。[12]

另一种类型的绿色混合使用城市开发在内达华的拉斯维加斯发展迅速。拉斯韦加斯地区的米高梅幻影公司的城中城项目是一个占地 76 英亩的大型设计。城中城预计在 2009 年启动，主要功能是一个 60 层的拥有 4000 个客房的酒店，和包括两所 400 个客房的精品酒店、50 万平方英尺的集高档零售商店、娱乐和美食一体的综合娱乐中心。此外，这个项目将包括为那些想要居住在这个新城市中心的人准备的 2800 个居住单元。它将是全国最大的新混合使用开发项目，总面积 1800 万平方英尺，总投资 70 亿美元。[13] 所有建筑除了娱乐中心都申请获得至少 LEED 银级认证，因为 2005 年内达华州将一些慷慨的财产减税政策编入法律。[14]

另一个大型的城市项目是斯特普尔顿旧场地的再开发，将丹佛的一个老飞机场改造成一个大型的混合使用社区。2006 年 12 月，森林城市商业集团开盘诺斯菲尔德斯特普尔顿，科罗拉多丹佛的 120 万平方英尺的露天市中心。据开发商说，这个市中心是第一个获得 LEED-CS 银级认证的“主街”风格的零售房产。[15]

社区开发的 LEED 评估体系

2007 年，美国绿色建筑委员会在新城市主义与自然资源保护理事大会中推出了社区开发的 LEED-ND 认证标准试用版。申请登记和评定了 240 个项目，例如诺里塞特和绿地码头，LEED-ND 认证标准将在比单个建筑更宽阔的范围内重新定义绿色开发的组成。

LEED-ND 是综合了绿色建筑、精明增长和新城市主义的原理，建立的美国第一个社区设计认证标准。这个体系重点关注的是影响居住、商业和混合使用开发的四个关键领域内的最优实践：

- 智能选址和交通系统的联系
- 环境保护和修复
- 密集的、完全的、适于步行和相互联系的生活社区
- 高性能的绿色技术和建筑

（附录 2.6 中详细列出了 LEED-ND 认证标准的各评分点）

LEED-ND 的最终目标是对城市和社区进行开发和再开发，实现更健康、节能、节水、对生态环境影响最小。在未来的五年里，我希望 LEED-ND 认证标准能够在全世界范围内使用，定义和创造第一代零能耗社区。回忆起我

图11.2　位于佐治亚萨凡纳的阿伯康通用中心是一个获得LEED银级认证的百货中心，包括太阳能热水系统，凉爽的屋顶，多孔材质的人行道和节水型卫生设备。摄影：大卫·A·阿诺德，感谢欧泽尔·斯丹库斯提供资料。

们对中国东滩生态城市规划和加拿大绿地码头的讨论，我们可以看到这种趋势已经开始。2012 年它将形成一个小高潮，而到 2015 年时，它必将掀起更大的狂澜。

绿色零售商业和医疗建筑设计

绿色社区设计的每一个要素都需要组合到一起才能形成美丽的图片。其中两个发展迟缓的要素是零售和医疗产业，尽管我们也能看到一些有前途的发展趋势和典型案例。截至 2007 年 3 月，有 75 个零售项目登记申请 LEED 认证。

佐治亚萨凡纳的阿伯康通用中心是一个绿色零售开发项目，自夸拥有全国首个通过 LEED 认证的麦当劳。2006 年，这个项目成为国内第一个通过零售 LEED-CS 认证的项目，获得了 LEED 银级认证奖章。[16] 据开发商马丁·梅内尔说，这个项目的第二阶段没有额外的成本投入，600 个商店均满足 LEED-CS 标准。这个面积 16500 平方英尺的可租赁零售空间包括太阳能热水加热系统和绿色屋顶。每年回收的雨水提供了 550 万加仑的灌溉水，满足项目的全部灌溉水消费。高隔热的建筑外围护结构和反射性能良好的白色顶棚，减少了 30% 的电能消耗。多孔的路面停车减少了 30% 的雨水流失，节水型的卫生设备减少了 50% 的用水量。[17]

图11.3　斯温纳顿建造商建设，位于圣弗朗西斯科的果园花园酒店，是首个通过LEED认证的酒店。感谢由斯温纳顿建造商提供资料。

绿色酒店在 LEED 标准下开始迅速发展。到 2007 年 3 月，有 22 个旅馆登记并处于 LEED-NC 评估体系的评定中。[18] 华盛顿温哥华的希尔顿酒店，拥有 226 个房间，属于温哥华政府，2006 年获得了 LEED 银级认证。在这个案例中，每个房间的额外成本投入不超过 1000 美元，第一年的能源节省就足以补偿。在这个酒店中，免费宣传产生的价值是初始额外投资成本的 10 倍。[19]

近期，圣弗朗西斯科的毗邻唐人街的奥查德嘉顿酒店，2006 年 12 月开业运营，获得了加利福尼亚州首个酒店 LEED 认证。由斯温纳顿建造商建设的 10 层、55000 平方英尺的拥有 86 个房间的精品酒店，有一个钥匙卡系统控制能源使用，每次旅客进入房间，他们必须插卡入槽才能打开电灯、热水或者空调。当旅客离开以后，确认不再需要使用能源，则会自动关闭。[20]

随着交通导向、步行社区建造趋势的不断发展，我希望到 2020 年社区和混合使用设计能够远远不同于 2000 年的状况。这种趋势将会对节能和提高城市、郊区的可居住性具有重要的作用。

第十二章
医疗建筑的绿色革命

医疗保健建筑产业投入占每年美国非居住建筑资本的13%。随着绿色建筑革命的开展，人们认识到它的全部潜能，医疗保健建筑是一个重要组成部分。但是绿色医疗保健市场的发展远落后于其他的部门，牵涉到的原因很多，大部分都是与这个产业的内部活力相关。罗宾·冈瑟，一位对绿色医疗保健有推动作用的纽约建筑师说："医疗保健产业真正对运营污染进行控制是从1996年开始的，而最早接受可持续建筑的是那些一直在预防污染，例如减少废物放排、消除汞污染等的医疗保健组织。后来，他们意识到有序的运营就足够担负绿色建筑的称号。对他们中的很多人而言，有序运营也意味着他们是有领导的经营团队，在自己的工作中思考并关注着绿色建筑。但是，这些组织在控制污染方面发展比较慢，还没有形成共同的绿色建筑意识。"[1]

第一个通过LEED认证的医院建筑，是位于科罗拉多的博尔德社区麓山医院，建成于2003年，在LEED评估体系被引进整整三年之后。这个耗资5300万美元，面积20万平方英尺，60个床位的医院，获得了LEED银级别的认证。这个项目与1999年流行的标准相比节能35%。[2]

医疗建筑的绿色指南

从2000年初开始，冈瑟就和一个由建筑师及健康产业的专家组成的工作团队，一起寻找医疗保健中与可持续相关的问题，创建了基于LEED的另一个评估体系，名为医疗保健的绿色指南。冈瑟解释说："医疗保健的绿色指南产生的原因是，认识到医疗保健中绿色建筑的发展落后是因为没有针对性的评估工具。一组人聚在一起，基于医疗保健设施独一无二的需求尝试修改LEED的得分点。人们开始意识到这些不同点和找到方法去解决这些不同点，这本身就有极大的差别。"

医疗保健的绿色指南包括两方面内容。一部分是针对新建、改扩建和整修的设计和建造实践，另一部分是处理已有设施的运行和维护。医疗保健的绿色指南是一个比LEED更复杂更综合的评估体系，它包括12个先决条件（类似 LEED-NC 的 7 个）和全部 97 个要点。除了节水，LEED 的每个主要得分类别——可持续的场地设计、能源和大气、材料和资源以及室内环境质量——都在这里获得了平等的强调。

与 LEED 认证不同，GGHC 是一个独立的自我评估而不是需要第三方认证的体系。尽管 GGHC 是一个自我评估体系，但它引入的设计和运营的原则将改变医疗保健项目的设计，因为它使设计者和设施管理者认识到他们为项目设定的核查目录中的每一项条款都是基于合理的医疗保健原则。

参与 GGHC 试验性评估的项目包括 115 个设施超过 3000 万平方英尺的空间，分布在美国、加拿大和其他国家。2007 年 1 月，[3] 一个新的版本 GGHC2.2 正式发布。附录 2.7 中将提供这些指南的完整内容。

早期的绿色医疗建筑设施

现在，已经有 16 个通过 LEED 认证的医疗保健项目建成，包括三个位于印第安纳州麦迪逊的精神病医院建筑，其中一个建成于 2005 年的项目图片可见图 12.1。[4] 为了保证良好的日光照明和室外景观视野，建筑参考了一个著名的精神病医疗保健案例：人与自然的融合。对绿色行动的关注也涉及居住者：例如，教导

图12.1　位于印第安纳州麦迪逊的东南地区治疗中心设计中引入了大量的自然光。海德布莱斯摄，由 HOK提供。

病人怎样回收利用每样东西——重新进入外部世界，回收利用设施。[5]其他的通过LEED-NC认证的医疗保健设施包括肯塔基希尔维尤的犹太医学中心（LEED银级认证）和美国俄勒冈州普罗维登斯的纽伯格医学中心（LEED金级认证）。[6]

冈瑟自己的项目位于纽约哈里斯的多拉德保健探索中心，阐释了绿色医疗保健设施建设中的很多设计原则。这个位于纽约北部农村的2层、2.8万平方英尺的诊断和治疗设施，建成于2004年并获得LEED认证，与当前流行标准相比，节能27%，设计中主要采用了一个地源热泵系统和一个高效的建筑围护结构。在这个建筑的设计中，通过窗户收集太阳能帮助冬季供暖，最大化地利用日光以减少人工照明要求。对低毒建造和最小的地毯使用也制定了详细的规定。弹性地板不需要上蜡或者剥离，绿色家政管理项目中要求在保养维修中尽量少地使用化学制品。总的来说，这个建筑比常规的同类建筑更健康，自然采光更好，成本运营更低。[7]

LEED认证目标：这个投资57500万美元，占地10英亩的新建匹兹堡儿童医院项目，希望在2009年建成的时候，它的研究中心获得LEED金级别认证，它的医院获得LEED银级别认证。冈瑟讨论了这种趋势：现在那里有很多关键性的项目，医院建筑市场开始导向绿色化，他们看到了创新的医院建筑获得的神奇公共关系，所以，我们现在看到的是对创新者的成功案例的快速跟随。

绿色医疗建筑的商业案例

医疗保健的商业案例和其他项目的商业案例不太一样。首先一点，76%的私人的、非政府的医院是非盈利的组织，也就意味着利润推动力更小，新项目的融资也更困难。很多医院是大学的附属机构，每一个项目都要求满足服务教学和研究的功能。在合计的医院数目中，政府创办的医院占20%，私人非盈利的医院占60%，私人盈利占20%。[8]

医疗行业绿色建造和运营的推动力 **表12.1**

1. 节能、节水投资上的经济回报；通过调峰和其他的降低能耗的措施，防止未来能源价格的上涨。
2. 健康和治疗的一致性，医疗保健机构的天职——例如，在整治城市褐区中定位新的设施
3. 更快的治愈患者获得的经济收益，场所需要具有室外景观视野和治愈花园
4. 公共关系的益处，涉及医院和医疗保健领域的很多利益相关者
5. 工作人员的健康益处，在设备管理中使用低毒的化学制品
6. 招聘和保留住核心员工（护士和其他的技术从业人员）
7. 医疗保健的证明应该是绿色建筑的证明

表 12.1 中的一些商业案例，显示了在绿色医疗保健建筑中的推动力。首要的推动力，对很多大的社会公共机构而言是资金，特别是能获得节能回报的投资项目。第二点是良好的社会公共关系。其他商业案例的益处都是慢慢被接受的，特别是那些创新性强的机构。商业案例另一些可能的益处，例如招聘和保留护士和其他的核心员工，尽管这些可能的益处在其他的建筑类型中更容易被接受，但是这些仍然被看作是绿色医疗保健建筑的投资优势。

在把绿色建筑引入到医疗保健产业的设计和运营的过程中，它将发挥怎样的作用？第一，总裁们必须把可持续发展提到议事日程的最高点。高级主管在节省成本和创建积极的社区关系上的观点往往是最重要的推动力。第二，机构员工和项目管理人员需要接受有关绿色设计和运营的全方位教育。第三，该组织内部必须拥有一个可持续发展的捍卫者，愿意直接向总裁或者主要管理者或者财政官员报告。第四，每个项目必须一开始就有明确的可持续发展的设想，当在项目设计，建造和运营过程中偏离轨道时，能够及时将方向调整到最初的目标上来。[9]

医疗保健设计的世界改变非常缓慢，但也是在不断改变。罗宾·冈瑟说："我觉得使命天职是一种巨大的推动力。人们可以讨论关于哪种战略做或者不做的经济争论，但是真正让他们待在室内的是建筑环境和人类健康的关系，他们认识到不能继续成为问题的组成部分，所以他们必须把天职和健康之间的关系概念化。这样一次又一次之后，就像革新者的领导者说的那样：这是最正确的事情。当一听到这些事我们就必须立刻去做，因为我们是医疗保健产业。"[10]

推动医疗建筑设计的革命

总裁和董事之间态度的转变对推动医疗保健产业的绿色建筑具有重大的意义。当高级管理层将医院或者诊所的职责与绿色建筑的治愈力量联系起来，他们往往成为可持续设计及运营最积极的拥护者。金·希恩，东南地区一个参加过很多医疗保健项目的机械工程师说出这样的观点："我们医疗保健体系的两个客户热衷于绿色建筑，要求项目必须遵从医疗保健绿色指南和 LEED 评估体系建造。甚至还有些项目都是董事会直接指示要求进行绿色设计，因为他们认识到并且承诺绿色建筑作为医疗保健体系职责的组成部分，本身首先应该是无害的。"[11]

沃尔特·弗农领导的位于圣弗朗西斯的工程公司致力于医疗保健设计。他认为现在是医疗保健产业追求绿色设计的良好时机。他主张使用"更绿"设计这个术语，他觉得当下真正的工作是去改善我们已有的医疗保健，而不是完全的去替代它们。他认为良好的绿色设计必须与组织机构本身的目标相一致。[12]

其中一条建议是利用公共事业的回扣和可转移的税务减免，例如第三方融资方案中选择使用废热发电、太阳能和微型燃气轮机系统。因为医院是24小时运营的，对电能和热水或蒸汽具有相当可观的需求，这也是对第三方能源服务公司极具吸引力的一点，公司投资与节能项目和现场生成，与医院一起共享节约的成本。沃尔特·弗农总结说，最终阻碍绿色设计之路的可能是文化而非技术。

"我认为以证据为基础的设计是过去30年我的职业生涯里医疗设计行业最重要的设计趋势。"金·辛恩说，"它是一个具有分水岭意义的改变健康医疗建筑设计方法的机会。绿色设计是以证据为基础设计的一部分，因为许多我们认为是绿色设计的设计实践与健康的室内环境质量相关。这正是以证据为基础的设计提出了一个问题：能有多大的建筑环境对健康医疗结果会产生多大的积极影响？"

绿色医疗建筑的障碍

表12.2列举了绿色健康医疗建筑设计、施工和运行的一些阻碍。健康医疗设计的限制性环境肯定是一个主要原因，阻止和控制疾病以及满足严格的建筑法规的要求影响了许多设计决策。但是最主要的阻碍还是成本。2005年，在一个中西部大学的绿色建筑追求者给我打电话，要求帮忙将他们新建的500万美元的医院设计成绿色建筑并通过LEED认证。设计团队已经提出了增加10%的成本来实现绿色建筑的价格方案。我知道双方意见是不一致的，并且我知道设计团队当时正在说服积极分子和学校，"不要用这个绿色的东西来干扰我，在我的地盘上努力建一个医院已经足够了。"

医疗行业绿色建筑的发展障碍　　表12.2

1. LEED评估系统很难运用于健康医疗建筑因为此系统主要是为办公建筑设计的
2. 健康医疗行业被高度管制并且要求规避风险，因此各种创新在被采用之前必须满足很多次的测试
3. 初始成本是所有决策的推动力；例如，是在医院运营还是在病人治疗和员工福利上投资更多的钱这是难以做决定的
4. 通过LEED认证需要增加项目更多的成本
5. 生产力和更健康的工作环境这些好处的证据不充分
6. 健康医疗建筑的法规限制了一些选项，例如自然通风以及地下室空气分布系统，因为他们重点关注疾病预防
7. 项目设计和施工的时间延长，加上材料和劳动力的成本上涨，很难关注绿色建筑的决策

仅仅两年前这种情况还很常见，但是在将来我怀疑你将不会看到设计团队的那种情况。对健康医疗绿色建筑的实际成本以及收益列表编成文件形式是非常重要的。这可能还需要2到3年的时间，因为从最初的决定到一个主要健康医疗项目的初次使用需要花3~5年甚至更多的时间，所以在2005年许多正在构想的项目要到2009年或者2010年才会后最终确凿的运营数据。

尽管成本和法规是主要的阻碍，但是绿色建筑革命还在向医疗健康行业蔓延。其结果将会是更高效、更健康的医院、诊所和门诊手术中心。

第十三章
办公建筑设计的绿色革命

如果你也跟大部分办公室员工一样，那么你应该知道“办公格间农庄”这种布局标准，有很多地方需要改善，浑浊的空气、缺少外部景观视野等。无论你的公司告诉你他们多么重视和尊敬你的劳动，你也会怀疑大部分企业真正的目标是不是办公空间成本投入最小化，把尽可能多的员工塞进尽可能小的空间里，一年一年减小办公室的规模，最后只留下足够放置一个电脑和一张全家福的空间，留下全家福，是为了解释你为何忍受这一切。

这有一个信条和一个帮助记忆的方法：300-30-3。它投资 300 美元每平方英尺作为平均每个员工的薪水和津贴；它投资 30 美元每平方英尺用于租赁；3 美元每平方英尺面积能耗。为了争取公司效益最大化，我们必须重视提高 300 美元每人的产出效率，并不妨碍在空间上 30 美元的和能源上 3 美元的小部分成本。

怎样的场所是健康和高效的办公空间？

可悲的是，占据主导的依旧是一个过时的对待员工的态度，认为员工只是一个庞大的生产机器，在办公农庄中平稳而尽可能快的输出成果。公司假装注重交流的价值，但是大部分的办公室都没有提供开放的公共空间，因为这就意味着将昂贵的房地产用于员工满足的休息和座谈。大部分的公司会议空间整天都被预订出去，所以交流必须是在午后或者休息室里。

很多公司每次在获得新空间的时候，都选择复制老式的设计，这是出于惯性、一些怀疑和害怕变动。结果，绿色设计在旧和新观念之间放置了一条断层线，宣告了怎样的工作空间是高效的、健康的和我们应该建设和运营的。

据根勒斯最近的一个调查显示，美国最大的建筑集团也对这些说法表示了认同。根勒斯的 2006 年工作空间调查是在网上进行，来自 8 个不同行业的 2000 多名美国办公人员参与了调查：会计、银行、法律、金融服务和保险、顾问、能源、零售和制造。这些都是脑力劳动者，为了保证经济效益，任何一个企业都需要招聘和留住他们。在那些被调查的人中，89% 的人认为工作环境的质量对职业满意程度很重要。他们现在的工作环境设计有利于促进创新和活力吗？一半人认为没有。[1]

接受调查的人员说如果公司能够提供一个设计良好的物理工作环境，就能够提高平均 22% 的工作成果。90% 以上的人都认为越好的办公空间设计，越有利于提高员工的整体工作表现。46% 的人认为他们的公司没有优先考虑创造一个高效的办公场所。超过 54% 的人并不希望展示他们新招聘员工的工作工位。

佩妮·邦达是一个室内设计师和公认的绿色商业室内装修专家。[2] 她说："人们在建筑内部的健康和舒适度逐渐成为新的关注点。以前建造一个办公建筑只是关注它的空间布局和功能需要，这是我们在传统办公空间设计中计划实现的目标。而现在更多关注的是空间怎样让使用者舒适，怎样影响生产效率。这种转变表明人们在绿色办公建筑内更加健康和舒适，也能更好地工作。"[3]

在这场关于健康的办公环境的争论中，绿色建筑革命的到来带起了一股风潮，办公空间的设计将不再雷同。通过第四章中对影响生产效率和健康的因素的统计，惊讶地发现，室外景观视野、日光照明、地板送风系统、照明质量和改进的新鲜空气流通都对生产效率和健康有重大的影响。如果员工身体变得更健康，工作效率更高，如果他们看到老板关心他们的有力证据（通过采用可见的绿色建筑措施），他们会更愿意留在这个公司，并推荐朋友也到这里工作。绿色办公场所设计的标语也许可以这样写：世界上的办公室人员团结起来！淘汰你们的工位隔间！

绿色办公场所设计

在大部分的新建项目，绿色设计措施相当容易实现，但是在改造旧建筑项目中有非常多的限制。首先，日光照明这一项很难改进，这要依据建筑的进深和开窗位置。对企业而言，最直接的解决办法就是寻找一处原本就有很好日照的空间租用。随着越来越多的绿色建筑完工，这一点也变得日渐容易。但是对于一个需要在已有建筑中加设多层楼板的企业，日光照明的选择依旧是受某些限制。

尽管如此，企业还是能选择使用家具、隔板和办公布局为大部分的工作空间提供一个对外的景观视野，它更多的是依靠设计。他们也能确保只使用低挥发性有机化合物合成的成品、装备和家具。据佩妮·邦达所说："制造社区归因于对绿色室内装修的兴趣和不间断的引进新的质量更好、达标要求更高的产品。”本杰明·穆尔是一个真实的优秀实例——他们已经是低挥发性油漆产业的领导者，最近开发了一个新产品“灵气”，在维持它的低挥发性的同时改善了性能。同样，在回收利用装置和能力方面有好产品的许多公司在不断创新，进行深一步的研究。[4]

促进室内空气流通，往往很难通过改变一个建筑的供热通风与空调系统而改变，所以可能调整的就是寻找一个具有可开启窗户的建筑。大城市的很多部门有很多装有这种可开启窗的老式办公楼。基本上，所有二战前建造的建筑都有可开启窗户，除非窗户被钉死、刷上图案，或者被木板遮住。

我在俄勒冈波特兰工作了将近4年，在一个具有可开启窗户的19世纪20年代的四层办公建筑中。它春天、夏天或者秋天的时候都很漂亮，打开窗户的时候伴随着吱嘎的声音，新鲜的空气就会窜进来。这个建筑占地面积很小，将近1.3万平方英尺，所以它很容易使大部分的工作空间都具有室外的景观视野。我们不能改变供热通风与空调系统，但是我们能够改变日光控制以更好地利用从大窗户中射入的太阳光，那样我们就不需要一直使用电灯照明。这个建筑原本是小镇上的第一家百货公司，而我们的改造说明了很长的时间内建筑的改变过程，也说明了为什么未来使用的灵活性是可持续设计中重要的特点。

另一个限制条件是大部分项目中用于改善租户环境的绿色措施具有短周期性。90 - 120天是一个典型的项目周期，主要有两个原因：租户总是会拖沓，直到他们不得不搬迁，所以他们想要一个能够迅速入住的空间；而房东不希望可出租的空间出现闲置，所以在与租户签订协议的时候，他们经常制定相当迅速的时间安排表。结果，相比于新建建筑项目，对于选择绿色措施需要更快速，没有时间考虑，重新改造设计。

当我们争取获得可持续室内设计的商业效益时，这些努力需要的成本投入很可能比在新建筑设计中的大部分绿色措施更高的投入，因为和综合设计相比在已有建筑改造中节省成本的机会更少。（有时候，追求低成本也能宣传生态意识。例如，2000年的网络泡沫破灭将大量新办公家具转移到旧家具市场，在很多城市中很少有购买新家具的，很多公司选择了“打捞”旧家具，只需花费新家具价格的几分之一。）为了在你的下一次办公迁移中降低可持续设计的总体成本，你需要调查当地市场的旧办公家具和隔板，确定哪些已用过的还能使用。这不仅是一件可持续发展的事情，还能节省你相当一部分的金钱用于其他投资，例如，升级照明系统、办公设备和使用节能电脑。

商业室内装修的 LEED

霍利·亨德森是亚特兰大的一个可持续设计顾问，她在 LEED-CI 认证项目方面非常活跃。她对上面提到的观点进行了回应："我发现不愿意让项目追求绿色化的情况发展很快，原因是在入住之前，几乎没有足够的时间去进行建筑或者室内设计。那些组织或者个人没有看到关于提高生产效率和有益健康的数据——不仅是那些没有数据的人，也包括那些拒绝看到数字的人。我还发现很多人只关心项目的最初成本。还有很多人并不关心设计或者功能，只想满足规范标准，能够搬进建筑里。"[5]

然而，亨德森的全部经验都说明，大部分的项目都可以采用高级别的可持续设计来改善租赁空间质量。事实上，到 2006 年底，全美国有 460 多个项目登记了申请 LEED-CI 评估，到 2007 年 2 月底，有 105 个项目通过认证。[6]

所以，在你的下一个租赁迁移改革中，哪些绿色设计措施可以运用？这里有一些简单的建议：

选择建筑，要具有良好的日光照明，全部或者大部分的工作空间都要有室外景观视野，然后重新调整标准的办公布局以便更好地使用。

指定使用无毒或者低毒的油漆、粘合剂、地毯和配套设施，包括家具，细木家具，没有福尔马林的刨花板或者复合板。

无论哪里，尽可能改变照明灯具使用可调节的荧光灯或者紧凑型的荧光灯，减小夏天的得热量和整年的照明账单。

安装人工照明控制系统，无论何时尽可能地使用日光照明；安装感应器，当你离开的时候自动关闭灯光。

寻找机会，手动控制温度、照明和通风，包括可开启的窗户。

从你将开始支付空调费用开始，选择能源之星评估办公设备使耗能和得热最小化。

同意房东对场所的分表统计，因为那样你就能在你的组织中鼓励节能，并获得收益。

将这些机会和限制条件牢记在脑中，考虑一个典型的绿色租赁改善实例。

多伦多一家国际性的设计公司 HOK 决定升级它 20700 平方英尺的新办公空间，通过 LEED-CI 金级认证。在这个案例中，办公室和工作室设计需要利用建筑物本身的特性：密封的混凝土楼板，开放的天花和暴露的圆柱。这个项目的可持续设计措施包括日光照明、光照感应器、回收利用装置、可再生的当地的和低放射性的材料、建造废弃物回收利用、灵活的办公空间。可开启的窗户是节能措施的一部分，占全部节省收益的30%。购买的绿色电力占其余电量使用的75%。这个项目还包括对大量使用者进行建筑所有系统操作的培训，这是实现预期节能效果的重要部分。[7]

所有这些方法和更多的其他内容被编制成LEED商业空间内部装修评估标准。考虑到让租户绿色化短期使用的空间比绿色化新建或者重大修整过的建筑可能性更小，LEED-CI标准中只包含了52个评分点，相比LEED-NC的64个评分点。

LEED-CI认证标准中没有针对场所改造的标准，所以它使用替代的措施来保证良好的场地选择和设计，方法是要求准租户选择满足LEED场地设计标准的建筑，或者已经通过LEED认证的建筑。例如，你可以选择坐落于公交站点周边，能提供自行车储放空间，提供优先的合伙用车和货运车停车，而员工可以使用公共交通津贴的位置。在某些位置，你还可以设计夜间照明关闭系统，提供更多的可控制照明区域，那样管理人就不需要开启整个楼层的照明才能看得清楚。

在保护水资源方面，你可能不会冲洗你的空间，那么为什么不说服你的房东安装无水小便器、双抽水马桶、低流量水龙头或者莲蓬式喷头？在节能方面，为什么不在每层厨房里购置一个能源之星冰箱或者洗碗机？寻找每一个节省的机会，你可能会无法相信你找到的。为了节能，把你的老式复印机，电脑和打印机都换成市场上高效节能的设备。确保所有的基础耗能系统，像

图13.1　位于多伦多获得LEED-CI金级认证的HOK设计办公室，拥有日光照明和可开启的窗户。理查德约翰逊摄，HOK公司提供。

照明、供暖、冷却、风和热水系统在投入使用前都是拥有授权的。当你做了所有能做的，和房东商量购买外部供应商的绿色电能来平衡你的预测或实际用电量的差距。

在建设过程中，明确要求承包商使用最佳做法维持室内空气质量，包括所有密封的管道，地毯，和容易吸附灰尘、潮气及其他污染物的表面。

在节省材料和资源方面，你可以看到一个旧建筑能够利用多少。检查市场中打捞到材料质量高不高，是不是可以买来安装在你的新居住地，像门、隔板、办公家具和储藏柜之类。尽量确保选择高质量的装备，安装到你的新空间。尽可能地寻找购买可高回收利用的材料，包括任何的新家具，考虑旧家具，地板，和其他材质的制成品，如农业纤维板、软木、竹子或者油毡。最后，尽可能快的指定通过森林管理委员会评估认证的木材或者复合木产品。对于旧办公建筑的改造，波特兰的工程公司会雇佣当地的承包商，为经过特别设计的 2 万平方英尺的工作室，安装不含福尔马林、通过森林管理委员会认证的刨花板。

在某些情况下，企业会使用 LEED-CI 提高租户节能意识的评估体系，帮助他们进行内部装修和塑造作为一个可持续设计企业的外部品牌。如果在项目计划阶段就花时间去选择这些措施，并将它们整理成改造承包商需要遵循的标准，任何一个企业都能由此更好的健康和更高效的工作环境的收益。英

图13.2　英特的上海陈列室是中国第一个获得LEED-CI认证的项目。由英特亚洲太平洋公司提供。

特公司创建了一个位于亚特兰大的通过 LEED-CI 铂金级认证的陈列室和一个位于上海的通过 LEED-CI 金级认证的陈列室，作为其持续努力的部分成果，成功创造了地板业最可持续制造的品牌形象。上海陈列室，坐落于历史街区中心地带的来福士广场二层，面积 4500 平方英尺，达到了美国绿色建筑委员会规定的 33 个评分点，最著名的是节水、节能和使用可回收的建材。低流量节水装置减少了预计用水量的 40% 以上，60% 以上的家具都是可回收的或者可再次利用的，包括从附近即将拆除的建筑中找来的古老木材，回收再利用建造成木拱门等。[8]

第十四章
物业管理的改革

绿色建筑的倡导者早就认识到，现有的发展是一个重大的机会，以实现能源和水资源的节约和减少建筑运营对整体环境的影响。毕竟，在任何一个5年的时间内，新建建筑和重大改造只影响到现有建筑的一小部分。因此，美国绿色建筑委员会于2004年创建LEED的既有建筑认证标准（LEED-EB），以此作为以可持续标准衡量建筑运行的基准。到2006年为止，将近250个项目申请参加LEED-EB认证，大约40个项目成功获得认证。与成功的LEED-NC相比，这个认证标准已经有了很好的开端，同时也有大量证据表明，LEED-EB标准已经在逐步发展，越来越多的组织开始关注建筑的碳排放量，并尝试减少它。

当然，建筑业主一直以针对商业建筑的联邦政府“能源之星”计划为标准，注重改造和提高能源利用效率。“能源之星”以每年每平方英尺BTUs（英制热量单位）计量，为同一个气候区的同类型建筑进行能源利用率评估。到2006年为止，“能源之星”已经对3200幢建筑进行了评估，这些建筑分布在全美50个州内共5.75亿平方英尺。[1]获得能源之星称号表明该建筑是所有同类型建筑中每平方英尺年耗能量最低的前25%。[2]一般说来，评上能源之星称号的建筑使用的能源总量比同类型建筑少35%以上。

联邦中央政府自从1973年开始实施联邦政府的能源管理项目。根据联邦机构目前的预计，到2010年他们的能源使用量比1985年将降低35%。[3]许多州政府、地方政府也有类似的方案。不管是政府还是私营企业，降低能源使用量是大家的一个明确的共同目标。这一投资具有很高的回报率，尤其是在刚开始的时候，简单的改造就能获得巨大的回报。

近些年来，政府和商业机构通过用荧光灯、二极管灯甚至是LED灯来取代白炽灯来减少人工照明，减少空调需求。当然，美国家庭对这个降低主要电器设备的需求计划并不陌生，商家和消费者共同致力于此，设立奖金提供技术帮助，以期减少能源使用。

商业建筑行业每年大约在全美范围内花费240亿美元用于减少大约18%的二氧化碳排放量。能源账单是办公建筑运营费用中最大的一部分支出，通常占不确定费用支出的三分之一。[4]2006 年，意识到应该帮助业主和管理者降低能源需求，国际业主和管理者协会（博马扎伊尔西非），一个代表 16500 个部门的行业协会，提出了国际业主和管理者协会能源效率方案（BEEP），以教育它的成员了解关于提高能源利用效率的方案。根据国际业主和管理者协会分析，只要在未来三年里有 2000 幢建筑采用 BEEP 的零成本或低成本实践并运行，那些建筑的能源消耗和碳排放量将减少百分之十，大约节约 4 亿美金的成本，并减少价值 6.6 亿元英镑的二氧化碳排放量。[5]

联邦政府还对新建或既有商业建筑的能源利用率的升级给予每平方英尺排放量 1.8 美金的税率减免，“2005 年能源政策法案”以 2001 年的排放标准为参考至少在采暖和空调上减少了 50% 的能源使用。并在此基础上对照明、发光、暖通空调、围护结构（绝缘材料和玻璃）升级提供额外的每平方英尺 0.6 美金的税费减免。对于公共建筑，由于政府并不付税，联邦政府允许设计团队享受这一减免。[6]举例来说，一个符合规定的 50 万平方英尺的商业建筑可以通过这一节能改革项目享受到 90 万美金的税费减免，其中包括价值 27 万的边际税率减免或是每平方英尺 54 美分的减免。

既有建筑的 LEED–EB 认证

只是节约能源并不能实现建筑的绿色运营，LEED–EB 认证标准鼓励建筑管理者和业主尽可能的拓宽其环保范围，这包括：

- 提高空气质量，创造更健康的建筑环境
- 节约用水，同时降低成本
- 提高再利用效率，减少废物处理费用
- 室内室外都减少有毒材料的利用，以提高雇员的健康和生产效率
- 减少整体运营和维持费用

以下列出属于 LEED–EB 认证中最普遍的一些标准：

- 变革现场管理以减少化学肥料及农药的使用同时支持做害虫综合防治，使用当地适宜生长的植物，而不是依据装饰或口味种植。
- 如果建筑离交通枢纽站点较远，可以为雇员提供公共汽车以鼓励他们乘坐公共交通工具。

- 提供自行车车位和车道以鼓励使用自行车往来。
- 为雇员提供赞助鼓励或帮助他们选择购买并使用低排放高里程的混合动力汽车。
- 提倡拼车，远程办公以减少雇员单独车辆使用。
- 如果建筑四周有足够的面积，恢复开放空间，减轻雨水径流。（安装一个绿色屋顶也帮助满足这些需求）
- 如果屋顶需要更换，安装一个和“能源之星”规定的屋面材料。
- 关闭室外照明防止灯光的侵入和夜空的光污染。
- 改变美化措施以减少或消除饮用水作灌溉用。
- 用更高效的装置取代老式装置以减少建筑的用水量，包括无水小便器，滞留水槽，低量冲水马桶。
- 定期检查建筑保证所有能源利用设备在据设计意图所说的运行，用更有效率的系统取代年长的设备。实现一个能源之星等级 60 作为一个最低限度。（意味着排在所有类似建筑最少能源使用前 40%）
- 替换所有仍然在使用蒙特利尔议定书禁止的氟氯化碳制冷器的暖通空调设备。（这一条已经在国家地理协会的 LEED-EB 升级版中实施，下文会解释）
- 给暖通空调、照明和热水系统安装节能改造设备，促进能耗性能比当前使用基准线高 20% 以上。
- 安装现场可再生的能源系统，例如太阳能光伏，或从一个公认的风能和太阳能供应商那里购买绿色电力能源。
- 教育建筑员工以适当操作与维持最佳状态来减少能源利用。
- 详细测量能源使用，更容易发现问题并进行改进。
- 通过使用者减少 50% 的废物源来评估和推广废物回收利用。
- 采用更适宜的环保购买政策来推动可循环使用材料，本地材料，生物材料，例如农业纤维板和可持续使用木产品。
- 只用含有少量或者无挥发性有机化合物的油漆、粘合剂、地毯和其他产品。
- 通过绿色清洁的做法为建筑维修。
- 安装二氧化碳传感器，调度室内通风系统。
- 改善光能源利用和控制。
- 对建设项目，通过高标准对废物回收，以保证室内空气质量。
- 重新设计办公室，尽可能提高工作区布局促进室外景观的引入，改善光照环境。

显而易见的，有大量行之有效的措施是保证任何建筑设施、办公室，或工厂能创建为一个健康、多种能源、高效率的工作场所。LEED-EB 可以作为一个管理标准，评估当前的性能和每年的改进情况。最困难的是刚刚起步阶段，因为大多数的这些变化需要跨越部门界限，需要多层次的组织之间的协调。

成功的 LEED-EB 项目

2006 年评估的 ADOBE 软件总部项目成功获得 LEED-EB 铂金级认证，如图 14.1 所示，这是一个软件制造商在加利福尼亚州圣何塞建造的代表世界上最先进的项目。为了证明公司对环境管理的承诺，这也是加州北部一个重要的公共问题，ADOBE 公司决定五年内投资 110 万美元，将已有的三个塔楼中心区改造成环境友好型的园区，并且选择按照 LEED-EB 标准来改造，这三个区已经建成使用了 3~10 年不等，总共有 100 万平方英尺的办公面积和 940000 平方英尺的车库。

五年内，ADOBE 总部减少电能使用 35%、天然气使用 41%，减少用水 22%、灌溉用水量 75%。现在 ADOBE 总部的固体废物 85% 都实现了再循环。通过节能措施、购买绿色电力，ADOBE 总部减少汽油废气污染物 26%。通过公司自己估计，这个项目他们获得了一个整体 114% 的投资收益。转型及升级改善项目包括：减少化石能源使用、运用传感器控制关灯、控制暖通空调

图14.1　ADOBE公司位于圣何塞校园的项目实现公司的承诺，通过环境管理获得LEED-EB铂金级认证的三个建筑。照片由威廉・A・波特，感谢A&R爱德曼公司提供。

设备、安装的变速泵与风机根据需要进行运转、利用调节用电峰谷实时计量减少电费、提升建筑智能化控制系统以及主要的能源应用系统的再利用。[7]

图 14.2 所示的是一个早期的 LEED-EB 铂金级认证项目，加利福尼亚州环境保护组织在萨克拉曼多的总部，由托马斯财团所有并管理运营。 这个 25 层 95 万平方英尺的建筑在 2003 年通过一系列措施获得证书实现 34% 的节能（与先前 1998 年州能源规定相比），每年转移 200 吨堆填的废物，提高建筑的资产价值超过 1200 万。总投资 50 万美元，能源和水每年节省 610000 美元。建筑达到一个“能源之星”96 认证标准，在能源效率最高的建筑中排列到前百分之四。[8]

另一个在萨克拉门托的州政府所属的 336000 平方英尺的六层建筑，由教育部门建设，2006 年获得 LEED-EB 铂金级认证。该建筑建成于 2003 年，作为一个新建项目获得 LEED-NC 金级认证，是世界上第一个获得两项高级别认证的大型项目。该建筑同样达到了“能源之星”的 95 认证标准，能源使用效率比该州的规定标准低 40%。该建筑有超过 100 项各种改善能源效率的可持续措施，以提高室内空气质量、节水以及资源保护。[9]

国家地理协会在华盛顿经营的一个由 4 栋建筑组成的总部综合体，建筑

图14.2　获得LEED-EB铂金级认证的加利福尼亚环境保护机构建筑大楼，比普通同类建筑节能34%。约翰·斯温摄影，托马斯公司提供。

年头从20~100年不等。通过花费600万美金的改造，该组织增加了2400万美元的物业价值，2003年获得LEED-EB银级认证。[10]

庄臣泰华施公司总部在威斯康星州的斯特蒂文，2004年获得LEED-EB金级认证。这个277000平方英尺的三层小楼由70%的办公室和30%的实验室组成。因为该建筑依据可持续性理念建于1997年，所以通过调整现有系统它很容易达到LEED-EB标准。[11]通过投入74000美元进行工程改造，庄臣泰华施公司每年节约90000美元能源成本，减少用水超过两百万加仑，雇员文件回收率达到50%以上。

最近一个申请LEED-EB认证的建筑值得关注，在2006年12月，加利福尼亚大学，圣巴巴拉校园同意在未来五年使用LEED-EB标准评估25幢建筑。体育设施的代理主任cook说，我相信LEED评估体系要求的各项标准是关键的指向，通过它我们将实现关注环境、员工及建筑使用者健康的目标。[12]

绿色建筑运营的障碍和推动因素

这些案例研究证明，通过对大型建筑设施的综合评价和改造，将带来巨大的节约和其他收益。那么，究竟是什么让大家望而却步呢？最大的一个因素毫无疑问是“钱”。对大多数公司来说，很难有资金投入到运营升级中去，他们更愿意通过市场投资、开发新产品以及降低产品成本来获得收益。在公共服务机构，资本和运营预算的割裂意味着建筑设施经理和建筑运营者为了运营他们的建筑，每年都要为了足够的钱而争论。这样一来，长期节约项目就更难有钱付诸实施了。

私人建筑的拥有者也面临同样问题——业主和运营商之间割裂的利益关系。专业的物业公司通常是抽取租金的百分比来运营和维护建筑。任何投资基金都需要业主提供担保。根据国际建筑业物主与管理人员协会统计，41%的建筑业主运营管理不到六栋楼，这让零散投资的钱更难获得保证。只有17%的物业资产掌握在拥有50栋建筑以上的公司手上，这些公司则是已经准备好获取资本，并且看到绿色升级运营的广阔利益前景。[13]

表14列举了建筑绿色升级的主要收益和一些主要阻碍。根本上来说，如果没有一个综合型公司或者可持续的保证制度，单靠建筑设施经理、可持续建设咨询专家或者是处在“产业链”低层的任何一员，是不可能得到资金来取得“既有建筑绿色认证”的，这些资金至少要五万到十万美元，这还不包括达到标准所必须的建筑升级改造费。在商业区，业主和承租人的责任分离

让他们不可能就“绿色认证”升级进行协商。对加利福尼亚的EPA建筑来说，长期租借给单独的承租人将让资产拥有者更容易意识到证书的经济回报。

绿色既有建筑运营的益处 表14.1a

1. 节约的能源和水可以在不到一年的时间内获得最初的投资回报，同时还有政府和州的税收优惠以及效率返还款。
2. 在清洗机器时减少有毒化学品的使用可以改善健康、提高效率。
3. 照明和通风设备的升级改造能够改善健康、提高效率。
4. 积极的公共关系能帮助吸引新的承租人，并且留住现有租户。
5. 提高居住者的认可度，而且好的工作环境更可能留住核心员工。
6. 对于企业的可持续性倡议，绿色建筑能起到一种积极的、示范性的效应。

绿色既有建筑运营的阻碍 表14.1b

1. 改造所带来的花费将可能引起抗议。在私有贸易中，很难获得除却新产品或者销售以外的投资。在公共服务机构，通常需要立项拨款。
2. 绿色建筑可能要求跨越几个部门去收集那些以前可能从来没有人整合过的数据。
3. 管理者可能质疑这个证书的花费的价值仅仅是证明组织已经做了些什么。
4. 设施和维护人员可能没有时间或知识来实施一个新方案。

第十五章
建筑设计和结构的绿色革命

绿色建筑是建筑和工程实践的革命，它迫使所有设计行业必须考虑到工程所带来的广泛影响，正如绿色建筑革命促使设计者和建筑者开始考虑把可持续发展的设计融入不同类型的建筑上，它也影响到了具有专业实践经验的建筑师，设计师，工程师和承包商等。例如，在2006的年底，超过35000名的设计和结构的专业人士以及数千名建筑官员，金融家，经纪人以及其他行业参与者在LEED系统中通过国家考试被认证成为领先能源与环境设计专业人员（LEED APs）。到2008年底这个数字会毫无疑问的超过5万人。在2007年中期，许多大型的建筑公司拥有超过400多位LEED APs。[1]

整体设计的挑战

通过学习如何使用LEED系统来评估建筑，这些LEED专业认证人员正致力于在建筑设计和结构上使用新的思路。然而，对许多人来说这是一个痛苦的过程，因为在建筑和工程领域这些技能对于综合设计过程和绿色建筑设计来说仍然没有被广泛传播。根据我的经验，工程师因为这样那样的原因特别不愿意在项目设计的早期阶段充分参与。许多人告诉我，“我们只能获得建筑设计的一次报酬”，但是建筑师通过多次循环设计得出一个最终的设计方案。因为这个原因，工程师通常等到建筑师的设计成立才能开始认真的设计工作。

然而，综合设计要求他们从最初阶段开始参与设计。建筑工程师越来越狭隘地通过使用机械和电力系统来关注照明，制冷和供暖，而并不是考虑使用保护结构（玻璃和绝缘），可再生能源系统以及其他不单单依赖设备的技术。

职业教育也是一个因素。机械和电气工程师通常对建筑的了解程度比建筑师对工程设计的了解程度要少，有两个原因。首先，建筑师必须学习建筑工程的课程，而且数十年来许多建筑学院必须教授太阳能设计和生物与气候设计；其次，建筑师要对工程预算和建设负全部责任，所以他们必须综合建筑设计的每一个方面来得出一个最终的产品，相比之下工程师往往把关注焦点放在自己狭隘的专业。

这些是广泛的概括，当然，即使有经验的工程师也在努力学习可持续的设计方法，新一代从学校走出来的工程师知道如何把健康，舒适和产率融入工程系统中，同时充分考虑建筑师的关注点。

例如，适当的采光设计需要电气工程师和照明设计师融入电动采光照明控制。这可能意味着必须减少电灯照明，这反过来又可以减少对空调系统的需求（机械工程师的考虑），因为所有的电灯产热都需要从房间中移除。减少了空调系统的尺寸可以降低成本；这些节约的成本可以被应用到外部遮阳装置，天窗，天台监护仪等设备从而建立有效的采光。然而，大多数工程师设计建筑时使用行业手册以及拇指规则，他们并不愿意建立规则来减少 HVAC 系统大小。在设计建设项目，工程商一般设计 HVAC 系统，他们更加担心风险，而且，他们几乎没有动力去缩减 HVAC 系统，因为更多的钱花费在 HVAC 项目上，对他们来说意味着更大的利润。

绿色建筑面临着其他专业的挑战，例如，管道设计师传统上是从市政供水设施中取水到建筑中，并且将废水排入公共下水道。建筑要求拥有一个完整的贯穿通流。现在，很多项目想不仅通过有效的装置物节约用水，而且收集再利用雨水——要求一个双重管道系统，进行现场水处理，在厕所使用“不可饮用水”。(有些项目甚至需要设有无水小便器的公共洗手间。) 如此水管工程师不得不了增加所有这些系统的指令表，不得不在不能熟练地使用在这些新系统和技术的情况下学习如何处理本地的公共水管。

电气工程师有传统的从本地电动供能系统获得电能并输入建筑的能力；现在他们被要求设计使用太阳能，微型燃气轮机，或热电联产系统的即时电力系统，在某个规模，由于客户的重要，他们先前没有经验。例如芝加哥中心 40000 平方英尺的地方为绿色节能技术覆盖，并输出 72 千瓦时光电，在三组不一样的状态，每年生产 136000 千瓦时电。 这个建筑以 540 万美元的造价于 2003 年完工，并获得 LEED-NC 铂金级认证。[2] 玛莉安拉撒路（Mary Ann Lazarus）是美国最大的工程建筑公司 HOK 的可持续的设计总监。[3] 她同时也是一个可持续设计标准教科书的作者。[4]Iazarus 说，从我所知道的，建筑的行业，我们的标准设计过程落后于时代。综合设计不是某事自然发生的—因为那包工方式，因为承包商之间、策划顾问、设计团队、建筑师之间的惯例关系。我们需要愿意使工作一体化，适当地调整合同，时间表，费用。五年后，我认为，我们现在考虑的可持续设计，例如基本的绿色建筑证明，将来会被视为对建筑的基本需求。他们会成为期望元素，如果你没有做他们，你将是落在市场

后面，你将无法设计那些有长期价值的建筑[5]

实践妥善，综合设计要求对当前系统设计和传输项目进行一体化的大量的改进设计，为了在常规的预算下实现高绩效目标。表 15.1 显示，一体化设计的主要元素和挑战就是能源系统的设计。

节能建筑整体设计的途径　　表 15.1

构成	方式和效果
1常问“这是什么？”	有时一个建筑可以是再利用还是拆毁;多问几次“为什么?”可能就能找到根本动机，和设计变更的原因
2研究地址	实际建筑工地将可以引导设计决策;那里可能会有以前没有注意到的资源
3使用无污染或是可再生资源	太阳，风，雨量，地下水，地热的热，都是免费无污染资源;如何能使用他们并减少成本
4通过有效环保措施降低需求	减需总是比增加供应要便宜，例如，额外的绝缘比补充一个空调系统更廉价
5协调高峰期的需求	当能量廉价的时候，热能存储系统使冷水或冰是允许的，一个项目避免在夏季的高峰冷却的期间中使用昂贵能源
6使用辐射采暖，降温方法减少暖通空调系统的规模	我们感到舒适在更高的夏季温度靠近冷的附近，我们感到舒适在冬天当有热的表面在我们附近
7确保建筑的能源供应系统规模合适并尽量高效	在更高常规的成大本系统中，大小，高效系统之间那互相协调减少整体工程造价;大多数工程系统被重复设计
8租赁系统并培训员工是有效运营的方式之一	只有人们完全明白设计并熟练使用的时候整个建筑系统才能止常工作

“慢节奏建筑”的改革

假设可持续设计革命类似慢食运动——始于意大利，并作为一个和美国“快餐侵略”斗争的方法，用数以百计的化学药品加工食品，缺乏在饮食文化过程中基本的和谐和享受。慢食运动的目的是保护一个生态区域内当地美食以及相关的食品植物和种子、家畜和农业的重要文化。[6]

同样的方法，**“慢节奏建筑”**运动关注设计是否适合一个生物区，考虑到气候，自然资源，本地的经济，妙的体形风格，文化价值观等因素。它被认为与广泛“国际化建筑的”相反——不可能通过建筑反应天气或国家，在世界的哪个角落因为大部分功能类似的办公大楼倾向于看起来一样。**“慢节奏建筑”**革命来通过考虑更多因素而不仅仅是设计方案目标、预算，时间表的一个可持续的设计方使得设计过程慢下。**“慢节奏建筑”**偏向当地的区域性的材料，可持续再生木产品，无毒的终点。它旨在最大化利用建筑工地的太阳能的资源,来再循环,再利用雨水,并使用地热来取暖和降温。慢节奏建筑革命认为，对于西雅图和波特兰的气候特点而言，自然通风和大量的日照是符合当地气候的合理的建筑措施，但是这不适合于迈阿密，当地强烈的太阳光和很高的湿度表明需要不同的设计方法。

同样地，太阳能发电系统更适合用在亚利桑那沙漠而不是缅因的岩石海岸，寒冷天气冬天阳光照射在南面而不是北面，建筑在冬天让南部的太阳通过雪反射到建筑里面。

这一体化系统的类型认为与你可能从典型的建筑或工程公司得到的一个适合所有尺寸设计恰恰相反，尤其那些获得商业成功的。压力增加使得更多的人工作，满足每个客户需求的标准增强，常常在与一个公司的承诺的绿色设计基本原则冲突。在商业建筑与工程的世界上工作，我能告诉你这些压力都很现实而且大多数公司并不鼓励鼓励客户在项目中采用绿色建筑措施，即使他们知道他们应该这样做。

“慢节奏建筑”注意减少建筑的环境影响，修复栖息地而不是作为另一针对开发项目的“复选框”，然而作为长期维持我们的现代城市文化可持续性的一个基本要素。它取消使用有毒化学品，并不因为他们廉价就使用。它倾向于买当地收成和萃取的建筑材料，打捞材料，可循环材料并不只是因为他们要给项目一个“绿色建筑点”，而是因为理智投资到当地经济是要可持续设计的重要元素。

可持续设计的商业化

我们最后谈了绿色建筑的商业案例。建筑公司怎样给他们自己设计？他们能在关注绿色设计中得到利益吗？在 2006 年的将近 900 个行业参与者调查中，39% 说可持续发展建筑的专门知识已经帮助他们吸引了新客户或项目，11% 说它已经导致了一个“重大”新合同(比之才 6% 在一个 2003 类似的调查)，53% 说它已经导致了“一些”新合同。总共 77% 的受访者期望未来两三年能有更多绿色建筑活动。[7] 很明显这些调查结果现实，可持续设计可以为设计公司建筑公司带来收益。以下是一些方法，用来关注这些公司可持续设计利益：

市场细分，帮助它从竞争者中突出

增加公司的“技巧”在某种程度上，将价值带给客户？

由整合一个公司的价值观念鼓舞员工士气

在招聘新员工上对可持续设计给予协助

帮助保留本公司有经验的雇员（由于当前有经验的绿色设计师短缺，许

多其他的公司将试图聘请他们）

吸引新生意，向想要绿色建筑的利益却无意付费咨询的客户提供帮助，从而保留当前的业务

这个有竞争优势吗？在2005年后期，建筑师罗素·佩里成为史密斯集团可持续设计的总监，全国第七大建筑设计与工程公司，在美拥有超过800雇员。[8] 在可持续设计如此重要的大公司，他说，“一切视领导而定。我们的董事会非常赞同针对一个要点的可持续设计，这种方式将成为未来大设计公司的竞争关键。”史密斯集团的目标是成为所有设计公司中拥有LEED评估专业资格人才数量前百分之五的公司。至于市场的好处，佩里说：“我确定我们会获得一些收益。当可持续成为评价质量的一种要求，当在评价体系中拥有确定的分值，我们就能达到我们任何竞争者提供的质量水平。我想我们现在正处于这种情况下。”

第二，我们希望达到一种程度，即可持续性成为公司关注的重点，并且我们完成其他项目的经验将给我们在发展现有的和将来的客户时提供优势。当我们评判其他竞争对手时，我的观点是我们是对的。

长远的好处是，因为我们致力于可持续设计和低成本投入、高性能产出，所以我们更频繁的被列入各种合格名单中，甚至是一些重要的合格名单。[9]

设计公司的革命

很多建筑和工程公司开始意识到，可持续设计不仅仅是在传统设计实践中增加一些东西，它渗透在公司活动的每个水平。图15.1显示了一个公司需要改变他们内在基因的五个方面：领导团队、教育和培训、运作、通信、智能管理。

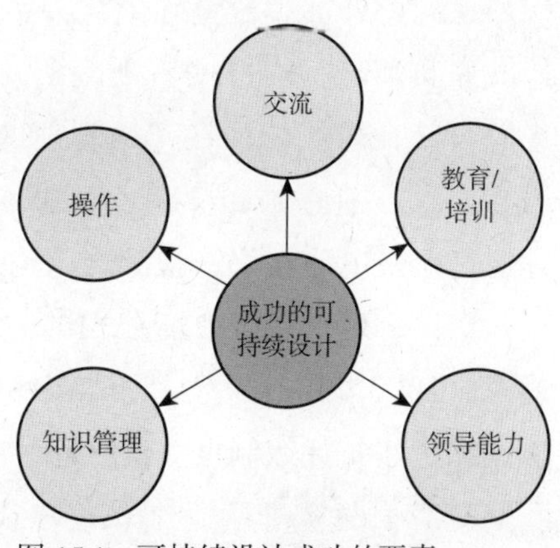

图15.1　可持续设计成功的要素

领导团队是第一个要求。据彼得所说，在史密斯集团中，截至2007年年底每一个负责人都是通过LEED专业资格认证的。这样就能帮助公司其他的成员更好的理解管理中的优先权，告诉员工企业的价值观是什么，什么是企业所推崇的。（大部分的建筑师和工程师从取得专业执照以后，都不需要经过严格的资格测试，这些可能很难为外行人所理解。参加LEED专业人员资格测试，只有50%~60%的通过率，这是对一个高级管理人员的个人素质和专业水准的承诺。）

博蒙特设计团队，位于加利福尼亚萨克拉门托的一个拥有 200 人的设计公司，7 年前开始进行可持续设计。在很早的时候，公司的每个领导层都拥有 LEED 专业资格认证。[10] 这个事实告诉我们无论员工还是客户，可持续设计对公司是非常重要的。

在教育和培训领域，增加了标准持续的专业教育，大部分设计和施工企业将他们的一些员工送进了全日制的 LEED 讲习班，特别是为通过 LEED 专业资格认证测试做准备。到 2006 年底，超过 45000 人参加这种讲习班。通过学习 LEED 评估体系和程序，在以后的设计项目中，这些专家能够更好地参与整合设计过程，实现高性能的设计目标。

大部分的专业公司已经发现，这些还是不足以支撑一个优秀的设计。他们需要说到做到以保持在员工和顾客中的信誉。他们必须将可持续设计承诺变成一种内化的追求：如买车就需要购买混合动力汽车，最大限度的回收再利用办公废弃物，减少纸的使用，为他们的旅行支付碳补偿费用，购买绿色环保产品等。很多公司建立了内部可持续承诺，对员工进行各种环保理念的培训。如果他们离开了，公司会严肃对待可持续，确保他们居住在通过 LEED 认证的建筑或者租用空间内。

沟通在专业化的公司里无论是对外还是对内都起到非常大的作用。当坚定的构造一个有强烈可执行性的可持续性合同时，他们发现那它需要通过同时加强两者外部（营销和公众关系），内部沟通来强制实施。许多公司使用他们的雇员通讯，内部网不断提醒所有员工关注如何“绿色”他们的项目。很大的设计，建筑公司在沟通管理的承诺可持续性上有一个特别挑战，常常发现它必须要有一或更多副高级职称“游绿的大使”定期地批访各个办公室，并通过电视电话会议，视频会议沟通可持续设计。

知识管理也一个改变公司的“基因的关键部件。”在史密斯集团，据佩里所说，2007 年一个主要目标就是评估每个项目一开始在华盛顿办公楼一根据所说绿色建筑评级制度，客户是否在支付正式绿色建筑认证。“最后方案设计，我们打算由每队准备一个绿色建筑记分卡——一个包括可持续设计措施在项目我们得到了多少机会的清单，使得设计团队在设计他们获得到项目时及早意识并且考虑这些东西。”

“经验教训”被从每个项目收集，并使之使处于某种中枢，易接近的数据库，以便未来的项目为同一客户或的同一类型（例如，医院或体育设施）能立即通过知识获益获得通的以前通过的项目。

革命性的可持续发展：恢复性设计

许多的领先前沿的思想家在可持续设计方面相信绿色建筑只是作为我们能开发一个全新发展方法的一个缓和的措施，寻求恢复功能的生态系统，通过一个个基本原理建筑的，邻里，社会的重新设计，戏剧性地改善人的健康。他们叫这种新方法为“再生的”或“恢复”设计。而可持续设计认为，“不让任何可能使这地方更坏，”恢复设计寻求尊重一个地方的原条件。要实现那个目标，再生设计理论旨在通过使之比之前更健康更具活力来促进一个地方的发展。[11] 根据它的大力倡议者之一，建筑师威廉鲁威的看法，再生设计理论涉及三步骤：“理解地方的原型，翻译成设计的指导原则，概念设计，提供持续的反馈，通过行动，反思，交流创造一个自觉学习和参与的过程。”[12]

像一个倡议团体提出的，“再生开发概念的项目就像一个积极的引擎或者转化系统，而不是寻找如何对野生动物栖息地，生态走廊的破坏影响最小化，例如，再生设计观察如何改善提高环境质量。”[13] 和绿色设计一起，采用整合设计方式以后，才开始真正了解场地。

建筑师盖尔·琳茜说有三个组成要素使整体设计简单化：

1. 找到典型的模型——通过很不一样的焦点，操作起来就会容易很多。

2. 改变过程。在设计团队、项目负责人、工作地方之间建立强烈的联系。

3. 改变性能指标。“我们有能源效率和空气质量的度量，但我们错过了另一度量，我认为土地健康状况是一个重点。”琳茜说。

“设计是基于关系和内部联系的一种东西，”她继续说，“我们开始时看到的那些连接，相比于现在做的，我们能带他们走得更远。我喜欢在设计中思考和发展我们能够做的。”

现在还只有少数的例子彻底采用这种方法建造设计，建立现场动力学，邻里关系。绿色建筑革命依旧需要很长的一段时间实现其策略目标。为什么不使用我们的时间，金钱，天赋来治愈地球，为人民创建美丽，健康的环境？

关于一个再生的城市设计方法，仔细看起来像“劳埃德穿越型城市可持续设计总体规划，”2004 年由波特兰，俄勒冈发展佣金西雅图建筑公司创建。这个规划旨在恢复一个位于波特兰的拥有 35 个街区、100 万平方英尺的市中心，它的原本“预发展”区域位于城市的东边。想象一下，这个规划的目标是，到 2050 年，这个栖息地的净二氧化碳产出量将减少 1850 个指数。是什么能够使它从这里（2005）搬到那里（2050）而不牺牲经济效益或环境质量？一个大市区怎样维持运作，仅依靠太阳能（收入）而不使用任何化石燃料（资本）？我们怎么能在项目区内满足所有供水需要，仅依靠收集地区雨水和废水处理再利用，而不需要引入市政用水和输出待处理的污水？

毕竟，一个明智的私人融资战略，是需要增加收入来源，而不是靠吃老本；我们难道不应该就城镇可持续设计达成共识？通过这些非凡的项目规划，开发一个经济可行的战略方法，将行政中心转变成一个环境、金融、经济可持续发展的大企业。[14]

第十六章 投入这场革命

到现在，你大概已被说服那绿色建筑革命已是现实的，重要的，可持续的，发生在你周围。你可能会问你自己，我可以做什么？这章简要地介绍一些不可错过的“加入革命”的机会。我们没有人知道这革命将如何发展前进，然而有一件事情是肯定的：没有你的努力一切就不可能发生。

在家里你能做什么？

你大概看几十篇关于在家养成环保意识的文章。在我的房子里我们再循环一切我们能再利用的，甚至纸巾和卫生纸的内纸板卷。这有各种各样的新机会来考虑加入。

1. 你大概经常出差，所以你可以从许多推销碳抵消的组织中选择购买，用同样多的钱，你可以转购风能源、种树或是投资太阳能。当我 2007 年参加澳大利亚之行后，我从博纳威环境基金会购买了一个盖着 15000 英里二氧化碳的排放的旅行环保标签。[1]一些主要的旅行网站，例如 travelocity.com，expedia.com，现在提供一个选择抵销你的碳负荷，如果你预订飞机票的话。[2]

2. 2007 年或 2008 年买一个光伏或太阳能热水系统，你可以获得每个系统（最大）2000 美元的联邦税收抵免（成本的以 30% 为依据），开始从使用清洁、可用再生能源而获得收益。有许多州税收减免，销售税消减，效率奖励措施和其他潜在的好处。[3]

3. 买一个节俭冲洗的马桶；市场上有很多，如果没有，你就不得不抽两次水让“东西”消失。我住在俄勒冈波特兰，一个有黄金认证许可的绿色建筑，附带一个节能厕所，它一切正常。这些厕所有一个大按键是一个大冲洗，一个小按键是小冲洗，如此简单任何人都可以弄清楚他们如何工作，相比于一个普通的马桶你会节省 35% 的用水量。当然，如果你的房子偏旧，使用的还是 1992 年前买的每次冲洗用 3.5 加仑的厕所，那你需要立即更换它，买一个标准每次冲洗 1.6 加仑的，厕所也对水土保护有重大影响。

4. 如果你有旧的机器并准备卖出，考虑买一个混合动力车。许多车款还享受很多联邦税务减免，你会和你的朋友一样吃惊，因为整个旅程中你的汽油表每40英里只有一加仑的耗油量，如果你以前每年需要买500加仑汽油，你现在只要购买300加仑，不仅可以省钱还开始减少碳排放量。

工作的时候你能做什么?

在前面的章节，我们讨论公司如何改变他们的行动来减少对环境影响。但是大部分的变动影响很小。他们只在个体聚集时产生，想出一个行动计划，销售给高层管理人员。由于托克维尔在19世纪30年代发现，一个美国人的定义是，他们从不等待权威人士告诉他们怎么办，他们建立小组直接行动。[4] 如果你的公司不使用混合动力汽车或资助雇员使用公共交通，立刻开始游说你的老板。如果你的公司要搬到新的地方，坚持让他们选择一个有leed-nc登记的建筑，并提高你自己承租的环境质量。

一个卫生洁具生产厂家，和一个俄勒冈波特兰有100雇员的建筑工程公司（我的一个前雇主），现在在资助雇员家安装一个节约型马桶的方案，每个每年节约6000加仑水。[5] 这个公司还购买了四辆混合动力汽车用于出差旅行会议和工作现场，为雇员节省60%的公共交通成本，致使完成了80%的运输使用量。它也在2个办公室洗手间安装低水量小便器，一个典型的每次一加仑的冲洗装置，发现节约了85%的冲厕用水。

图16.1 科勒的节水小便器

如果你在一个大公司工作，你可能对未来你“因为绿色化而获得的无数奖励感到吃惊”。例如，2007年初，美国银行为它的185000名雇员任何一个购买混合动力车的人提供了每人3000美元的现金回扣。[6]许多公司在提供交通补贴，参与地方“合伙用车”方案（所以家庭出现紧急状况时你也能回家），为自行车主提供淋浴室和自行车停放点，类似的措施保证你上班不用非得开车去。

如果你在一个政府机构或学区工作，看您能做什么影响它的设计，施工，改装，采购政策。对于一个出色的政府官员、规划委员会成员、高级市政服务人员而言，现在制定可持续政策比做其他事情都正确合适。大多数美国的大的城市市长保证对延缓气候变化采取行动，他们的员工期待其想出实际建议并实现这个承诺。你可以通过确定一个绿色建筑政策运用于你所管辖内的建筑开始。确保那所有新建筑从建立开始有长期可持续性。然后处理更难的材料，例如采购政策，建筑施工。尝试让组织认证一个建筑达到了LEED-EB标准，并且通过该建筑的运行测量它的可持续性来创建一个基准线。

如果你在一个大学工作，你大概已知道，可持续性在校园是一个巨大问题，你大概已被要求提供那个机构能采取的建议。过去六年，哈佛大学绿色校园倡议组织的里斯夏普成功为20个项目注册了LEED认证，并且其中八个获得了认证。哈佛大学为它的新校园在奥士屯马萨诸塞作为最低标准获得了LEED认证，总建筑面积超过了400万平方英尺。如果一个有积极性的才女能够在一个主要机构里完成如此多的事情，想必我们都能找到方法推动我们自己的学校或者大学向可持续性发展。

许多学院和大学生在捐他们自己额外的钱去给学生会运行一个新学生康乐中心或更新一个绿色建筑，更换成可再生能源。如果你是一名学生，为什么不在你的校园开始一个相似的动作？

有一个同事，博士汤姆·布克赫兹，我发现了一种对精简这些在高等教育变动类型的思路，被称为“获得影响。节省时间，”或要点。我们建议的“要点”是采取一个有系统方法改变倡议，首先做最重要的事情，再做次要的事情，这样会更容易成功。它提出一个方案，例如全校范围内废弃食物的回收和收集，因为学生对这一行动有一些偏见。在没有建立强烈的员工支持参与下，许多以学生为主导的倡议中途夭折。你可以下载一下一份我们的白皮书，获得开始你的所有项目机构。[7]

地方政府的绿色行动

美国包括3000个县，超过30000个联合的城市。包括特别区，它包含将近75000个政府分支机构，包括14000个学区。有大量的机会使你发表出你的观点。几十个城市,几个县已经采取绿色建筑的这种或那种的策略。波特兰,俄勒冈,大约有530000个住户,设有可持续发展的办公室(OSD)自从2000年,从丹·邵特曼开始，五城市专员之一(理事会成员)，主要从当地附近的垃圾收集票据费获得资金。尽管只有一小部分员工，OSD创建一个大型的关于绿色建筑公众教育活动，通过一个被称为绿色投资基金的中等授予计划，促进一系列在住宅和小商业项目的绿色技术革新。[8]

你能做什么鼓励你的城市或县政府去关注绿色建筑？作为玛格丽特·米德名言,“从来不要怀疑一个有思想的小团体,有献身精神的公民能改变世界,事实上，这是曾经真实发生过的。”[9]甚至小城镇也正在起草绿色建筑条例。早在2007年，纽约长岛的巴比伦镇，拥有211000的人口，[10]成为要求对未来所有面积超过4000平方英尺的私人所属的开发区进行LEED认证的全美第十个城市。

为什么不转到美国绿色建筑委员会网站呢,看其他的城市和县在做什么？[11]早在2007年2月，据说美国绿色建筑协会，超过70家当地司法管辖区已经采取了绿色建筑决议，政策，或行动计划。地方政府可以采取许多行动，包括如下：

- 通过快捷许可证申请为绿色建筑。
- 允许开发商，承诺绿色建筑建设高大结构。
- 对将来所有市政建筑和主要建筑整修,致力于达到LEED银级认证(或者更高)。
- 对于所有市、县办公租用改造，致力于达到LEED-CI认证。
- 每年承诺至少一个现有建筑获得LEED-EB认证。
- 所有市政部门采取环保采购。与私人开发商及非营利组织合作使得所有经济适用房项目采取成本效益可持续设计和运行模式。
- 加入美国绿色建筑协会并且开始参与绿色建筑项目，学习更多绿色建筑知识。

投资这场革命

普通公民有许多机会进行投资，你可能想观察每个投资(每个采购)，你可能认为那你的钱能帮助促进绿色建筑革命。(请注意那我未必建议特别的投资)。

在过去15年，社会负责共同基金已经发展地很好了。据艾米多米尼统计，其创建的多米尼400社会指数，从1990年5月开始至2005结束，这个社会筛选指数以493%比427%优于标准普尔500指数这再一次证明了你的母亲(理想地)教你的，[12]为善者诸事顺。

许多公众行业不动产投资信托公司，之前提到的，承诺投资LEED认证建筑。风险投资资本也开始采取行动，关注存在于可再生能源和绿色建筑技术之中的巨大机会。2006年，风险资本在清洁能源上的投资总共2.4亿美元，9.4%的所有合资企业投资在能源技术，超过同比之250从2005年。“清洁能源趋势”年度报告预测仅第四大清洁能源技术（生物燃料、风能、太阳能和燃料电池）的收益将会增长四倍，从2006年的550亿美元增长到2016年的2260亿美元。[13]公司制造和销售这些技术可能也代表良好的投资。

你可能甚至想开公司制造，分发，出售，或安装一个绿色建筑产品，服务，或技术。许多商学院开始了可持续的企业家教育方案，这些方案每年同工商管理硕士项目和业务计划提供学生，通过他们的所有努力，并让这个世界变得更美好。谁会成为第一个发展一个成功的全国零售的概念，就像星巴克，出售可持续的家用改进设施？谁将开发由塑料瓶回收制作成的家具的下一条生产线，或者开发下一条只释放健康气体的油漆的生产线，或者开发一条在使用寿命结束时能埋在你家花园的环保的织物的生产线？谁会创建一个成功财务概念使得太阳能发电系统安装在百万家屋顶？或许你有坚强的，快乐的，代表成功企业家的素质。

绿色建筑革命刚刚开始，但它很快成为主流。它是我们当前最杰出的政治和社会革命之一，我们能都起作用，每一个人都行。如果你有意识到，你大概想出几十个关于提供积极的帮助促进他的发展的想法，所以让大家一起开始工作吧！

附录 1
资源革命

会议

绿色建筑，www.greenbuildexpo.com

主办单位：美国绿色建筑评议组织

举办时间：每年秋天，计划于 2008 年在波士顿举办

全球最大的绿色建筑会议，对于那些商业发展国，这个国际博览会是一个必需品。它主要作为一种行业展会向公众开放，尤其是有价值的展览与教育计划。

绿色西海岸，www.westcoastgreen.com

举办时间：通常每年九月在旧金山举行

涵盖住宅与商业功能的绿色建筑，展览摊位有几百个之多。对公众开放。

LOHAS（健康与可持续发展的生活方式），www.lohas.com

主办单位：自然营销研究所

举办时间：通常为每年春天

涵盖了广泛的消费可持续性问题，包括绿色建筑。对公众开放。

美国太阳能协会会议，www.ases.org

举办时间：通常为每年夏天

此会议能够为您提供太阳能的年度更新报告。对公众开放。

绿化校园会议，www.bsu.edu/provost/ceres/greening

主办单位：鲍尔州立大学（曼西，印第安纳州）

这个自 1996 年起开始举办的两年一度的会议，着重于范围广泛的校园主题。是学生和教师们的理想选择。曾于 2007 年 9 月举办。

书籍

在这个快速更新的领域，大多数的书籍在发表出版后不久就过时了。

尽管如此，一些书籍即使是到了现在，仍然具有良好的市场寿命。您会发现它们有趣，甚至改变生活。

雷·安德森（Ray Anderson），中途修改（Atlanta, GA：Peregrinzilla 出版社，1998）

这本经典书籍讲述了一个 CEO（首席执行官）个人的转变引领了一个企业模式的转变。雷·安德森（Ray Anderson）以丰富的经验、耐心以及口才由心讲述。

戈尔（Al Gore），难以忽视的真相（Emmaus, PA: Rodale 出版社，2006）

这本经典至今的书揭示了为什么要对我们浪费能源的习惯进行彻底改变。尽管只是长期分析与短期处方的罗列，戈尔的书仍然具有革命性影响。

大卫·戈特弗里德（David Gottfried），贪恋绿色（伯克利大学分校，CA: WorldBuild 出版社，2004）

如果你想以一个内部人士的角度来看待美国绿色建筑评议会的形成及其早期，那么戈特弗里德个人与组织转型的神奇故事将毫无保留。

保罗·霍肯（Paul Hawken），Amory Lovins 及 L. Hunter Lovins 合著，自然资本论：创造下一次工业革命（波士顿：Little Brown 出版社，1999）

本书是对多种主题的经典论述，涉及关于我们能够从自然系统学到多少以及我们已知部分的一切相关内容。它对于那些想要知道如何在绿色建筑设计中做出下一次飞跃的人是一个奖励。

斯蒂芬·R·凯勒特（Stephen R. Kellert），为生存而建：了解人类与自然的关系（华盛顿：Island 出版社，2006）

受到诸如弗兰克·劳埃德·赖特（Frank Lloyd Wright），埃罗·沙里宁（Eero Saarinen）及诺曼·福斯特（Norman Foster）等建筑师作品的启发，凯勒特提出了一种新的建筑模型，为我们的日常生活注入了活力。他的理念是我们回归自然世界的桥梁。

多知木内（TachiKiuchi）及比尔·沙伊尔曼（Bill Shireman）合著，我们从雨林中学到了什么：自然中的商业经验（旧金山：Berrett-Koehler 出版社，2002）

一个对于如何应用可持续发展原则的完美指南，能够帮助企业确保其优化成功。

布鲁斯·茂（Bruce Mau），巨变（伦敦和纽约：费顿出版社，2004）

本书并非关于世界设计，而是关于世界长期成功的设计。

威廉·麦克唐纳（William McDonough）及迈克尔·布豪恩戈特（Michael Braungart），从摇篮到摇篮：改变我们的做事方式（纽约：北角出版社，2002）

这本书是"行走的言论"，因为它甚至不是在普通纸张上打印的！作者带领我们逐步了解他们所倡导的一种新的工业组织模式，并通过大量案例研究展示他们如何为多个公司推广展开。

安德鲁·普特曼（Andrea Putman）及迈克尔·菲利普斯（Michael Philips）合著，可再生能源的商业案例：高校指南（华盛顿：国家学院及大学商业协会，2006）

这是对太阳能与风能的当前商业案例的最佳的一体化总结。为高校所写，同时广泛应用于政府机构，非盈利组织，及企业用户。可访问 www.nacubo.org.

埃里克斯·斯蒂芬（Alex Steffen），改变世界：21 世纪用户指南（纽约：HarryN. Abrams 出版社，2006）

很难概括这本内容涉及所有我们已知关于绿色解决方案的将近 600 页的汇编，除非你需要一个副本以供参考。

杰瑞·岳德森（Jerry Yudelson），发展绿色：成功的策略（Herndon, VA: 国家工业及办公物业协会，2006）

对于开发商来说，本书是对绿色建筑商业案例的最好介绍。包括在 2005 年提名绿色发展的 NAIOP 年度奖的案例研究。内含案例研究 CD 一张，可访问 www.naiop.org.

期刊

跟上绿色建筑杂志以及相关刊物的每期发行并不容易。以下是我读过的一些定期出版的期刊。大部分都有复印件或电子版本，所以如果你并不想有太多纸张，你可以从网上查看更新的信息。

建筑设计与施工，www.bdcmag.com

该杂志的编辑，罗布·卡西迪（Rob Cassidy），是该行业的权威人士。该杂志主要面向“建筑圈”的从业者，显然也可为所有人所用。

建筑物，www.buildings.com

该杂志提供了对建筑设计的实用一面、施工以及运营的很好的介绍，同时对行业内的专业性主题有很大的涵盖面。

居住：在现代世界的家，www.Dwell.com

作为一种消费类杂志，居住在稳定的绿色家园方面提供了出色的网络覆盖。

生态结构，www.eco-structure.com

该杂志是涵盖了绿色建筑行业的最具图示性的杂志。写得很好的案例研究以及广泛的选择主题使持续跟读该杂志成为一个很好的选择。

环境设计与施工，www.edcmag.com

至今已发行十年的环境设计与施工杂志提供了一流的社论报道以及关于龙头项目的优秀案例研究。

绿色起源，www.construction.com/greensource

季刊绿色起源始于 2006 年，由环境建设新闻的制作团队编辑，出版“工程新闻记录”与“建筑实录”杂志（该领域最权威的刊物杂志）的出版商出版。这里的案例研究是你所见所有当中最棒的。

大都会，www.metropolismag.com

如果你想了解更广阔世界的可持续发展设计的进程，那么大都会杂志是你的必读之选。拥有对于设计的各个方面的出色的涵盖面，该月刊近些年更加深了对绿色建筑的关注程度。

自然家园，www.naturalhomemagazine.com

作为一种消费类的月刊杂志，自然家园杂志专注于产品与设计面临的由于多数人试图选择一种更为可持续的生活方式而产生的问题。

当代太阳能，www.solartoday.org

美国太阳能协会的官方刊物，但面向一般人群出版，你甚至可以在天然食品商店的收银台找到它。

可持续工业杂志，www.sijournal.com

该月刊广泛涵盖了西海岸大范围的可持续发展产业，包括绿色建筑。它以简短易读的文章作为摘要，对于繁忙的决策者来说是一个很好的选择。

网站

清洁科技，www.cleanedge.com

自我描述为“清洁技术”的市场权威，这款实时通讯让您能够在这个快节奏的行业紧跟最新的可再生能源与相关企业和风险投资活动的市场动态。

绿色建筑行动，www.thegbi.org

绿色地球评级系统的官方网站。在这里，你可以注册并下载一个试用版系统应用于您的项目之一。

绿色网站，www.greenbiz.com

访问绿色网站，了解可持续经营运动。

绿色建筑，www.igreenbuild.com

对于绿色建筑运动的业务与产品方面是一个很好的概述，访问这里。

美国绿色建筑评议会，www.usgbc.org

在组织机构方面，以及更广泛的绿色建筑领域的新闻与时事方面，这都是最大最全面的网站。你能够在这里了解最新的趋势。你可以在这里下载所有 LEED 评级系统的备份文件，并浏览 LEED 注册与认证的项目。

改变世界，www.worldchanging.com

如果你想要了解短期内为建设更加美好绿色的未来而新兴的创新技术与解决方案成为主流的关注对象是怎么回事，这里是一个很重要的网站。

附录 2
绿色建筑评级系统

本附录提供了美国绿色建筑委员会（USGBC）的六大 LEED 评级系统的详细信息，包括主要住宅评价体系，以及医疗保健的绿色指南，医疗保健的最佳实践指导文件。所有的系统都在其 2007 年 3 月版提出。读者应当注意，这些系统定期更改，确认有可用的最新版本，请访问主办单位的网站，www.usgbc.org/leed 或 www.gghc.org。

除了这七个系统，文中还提到许多其他系统类型，详细信息在此不再赘述。包括：国家房屋建造者产品绿色建筑指南协会；商业与住宅楼（侧重于节约能源）的 EPA 能源之星计划;绿色地球的商业应用及绿色地球的住宅应用（类似于 NAHB 指南）；高性能学校系统合作关系（四州际）；约 60 个地区和国家的房屋建筑协会的住宅方案；当地的店里电力公司，如得克萨斯州的奥斯汀能源和亚利桑那州的图森电力，和非盈利组织，如创造了绿点评级系统的位于加利福尼亚州的建造绿色组织。

附录 2.1
新建建筑的 LEED-NC 认证标准

项目认证清单

可持续性选地		14 分
前提 1	建设活动中防止污染	必要的
认证 1	选择不影响敏感的栖息地或有价值的土地	1
认证 2	选地位于人口密集的城市地区	1
认证 3	在棕色地区开发项目	1
认证 4.1	提供公共交通	1
认证 4.2	提供自行车存放处和更衣室	1
认证 4.3	提供低排放和节能高效的汽车	1
认证 4.4	不提供额外的停车容量	1
认证 5.1	保护或恢复开发区域内的栖息地	1
认证 5.2	使开发区域内的开放空间最大化	1
认证 6.1	防止雨水径流率或雨水径流量增长	1
认证 6.2	不使雨水径流的水质降低	1
认证 7.1	利用园林绿化降低城市热岛效应	1
认证 7.2	利用反射屋面降低城市热岛效应	1
认证 8	通过场地照明尽量减少光污染	1

水资源利用率		5 分
认证 1.1	景观水体利用减少 50%	1
认证 1.2	不使用饮用水进行灌溉	1
认证 2	采用创新的污水处理技术	1
认证 3.1	建设用水减少 20%	1
认证 3.2	建设用水减少 30%	1

能源和大气		17 分
前提 1	委托定制所有新建筑的能源系统	必要的
前提 2	达到最低能源利用	必要的

前提 3	不使用 CFC 制冷剂	必要的
认证 1	与底线相比降低能源利用的 10.5% 到 42%	1~10
认证 2	使用开发区域内可再生资源占所有使用能源的 2.5% 到 12.5%	1~3
认证 3	采用增强型调试方法	1
认证 4	使用危害较小的制冷剂	1
认证 5	对能源使用的测量和验证进行规划	1
认证 6	购买绿色电力能源的总用电量的 35% 以上	1

材料和资源 13 分

前提 1	提供空间存储和收集可循环使用物	必要的
认证 1.1	回收利用或保持现有建筑的墙壁、地板和屋顶的 75%	1
认证 1.2	回收利用或保持现有建筑的墙壁、地板和屋顶的 95%	1
认证 1.3	在重复利用过程中，保持内部非结构构件的 50%	1
认证 2.1	转移需要处理 50% 的建筑垃圾	1
认证 2.2	转移需要处理 75% 的建筑垃圾	1
认证 3.1	建筑材料中 5% 为重复利用的废弃材料	1
认证 3.2	建筑材料中 10% 为重复利用的废弃材料	1
认证 4.1	建筑材料中 10% 采用的可再生材料	1
认证 4.2	建筑材料中 20% 采用的可再生材料	1
认证 5.1	使用当地材料价值占建筑价值的 10%	1
认证 5.2	使用当地材料价值占建筑价值的 20%	1
认证 6	使用快速再生材料价值占建筑价值的 2.5%	1
认证 7	使用经过认证的木材价值占所有新木材制品总价值的 50%	1

室内环境质量 15 分

前提 1	符合室内最低空气质量的性能水平	必要的
前提 2	控制或消除环境中的烟草烟雾	必要的
认证 1	监测二氧化碳含量 / 提供室外空气输送符合标准	1
认证 2	室外空气通风率增加 30%	1
认证 3.1	施工期间管理室内空气质量	1
认证 3.2	入住前管理室内空气质量	1
认证 4.1	使用低 VOC 的胶粘剂和密封剂	1
认证 4.2	使用低 VOC 的油漆和涂料	1
认证 4.3	使用低排放的地毯和垫层	1
认证 4.4	选用的复合木和农业纤维制品中无脲醛	1
认证 5	控制室内化学品的使用和污染源	1

认证 6.1	向 90% 的用户提供照明控制	1
认证 6.2	向 50% 的用户提供相应措施控制热舒适度	1
认证 7.1	通过合理设计使热舒适度在任何时候都满足标准	1
认证 7.2	设计和管理入住后进行的热舒适度调查	1
认证 8.1	为 75% 的使用空间提供采光	1
认证 8.2	为 90% 的使用空间提供视野	1

创新科技与设计流程 5 分

认证 1.1–1.2	创新设计：以上 LEED 标准的卓越表现	2
认证 1.3–1.4	创新设计：在 LEED 之外提供创新措施	1
认证 2	使用 LEED 认证的专业项目团队	1

总分 69 分

认证级：26–32 分；银级：33–38 分；金级：39–51 分；铂金级：52–69 分

附录 2.2
商业建筑室内装修项目的 LEED-CI 认证标准

项目认证清单

可持续性选地		7 分
认证 1	选地：选择 LEED 认证建筑或：	3
	在以下特征的建筑物中定位承租人空间（6 项措施共 3 分）：	
	棕色区域重建	1/2
	雨水管理：不增加	1/2
	雨水管理：保持水质	1/2
	减少热岛效应：通过园林景观和硬质景观	1/2
	减少热岛效应：通过反射屋面	1/2
	通过现场照明减少视觉污染	1/2
	灌溉用水减少 50%	1/2
	取消灌溉水的使用	1/2
	采用创新的污水处理技术	1/2
	设备用水使用减少 20%	1/2
	使用现场可再生能源	1/2~1
	体现出其他可量化的环保性能	1/2~3
认证 2	选地位于人口密集的城市地区	1
认证 3.1	提供公共交通	1
认证 3.2	提供自行车存放处和更衣室	1
认证 3.3	替代性运输方式，并提供停车位	1
水资源利用率		2 分
认证 1.1	设备用水减少 20%	1
认证 1.2	设备用水减少 30%	1
能源和大气		12 分
前提 1	委托定制所有新建筑的节能系统	必要的
前提 2	达到最低能源利用	必要的

前提 3	不使用 CFC 制冷剂	必要的
认证 1.1	降低照明功率密度	3
认证 1.2	采用照明控制系统	1
认证 1.3	优化 HVAC 系统性能	2
认证 1.4	减少设备和器材中的能源使用	2
认证 2	采用增强型调试方法	1
认证 3	能源使用，测量和支付问责制分表计量	2
认证 4	购买绿色电力能源的总用电量的 50% 以上	1

材料与资源		14 分
前提 1	提供空间存储和收集可循环使用物	必要的
认证 1.1	十年的租赁空间	1
认证 1.2	回收利用或保持内部非结构构件的 40%	1
认证 1.3	回收利用或保持内部非结构构件的 60%	1
认证 2.1	转移需要处理 50% 的建筑垃圾	1
认证 2.2	转移需要处理 75% 的建筑垃圾	1
认证 3.1	建筑材料中 5% 为重复利用的废弃材料	1
认证 3.2	建筑材料中 10% 为重复利用的废弃材料	1
认证 3.3	家具和陈设品中的 30% 为重复利用的废弃材料	1
认证 4.1	建筑材料中 10% 采用的可再生材料	1
认证 4.2	建筑材料中 20% 采用的可再生材料	1
认证 5.1	建筑材料中的 20% 采用当地生产的材料	1
认证 5.2	建筑材料中至少有 10% 在当地选材或制造	1
认证 6	建筑材料中至少有 5% 来自快速再生资源	1
认证 7	使用经过认证的木材价值占所有新木材制品总价值的 50%	1

室内环境质量		17 分
前提 1	符合室内最低空气质量的性能水平	必要的
前提 2	控制或消除环境中的烟草烟雾	必要的
认证 1	监测二氧化碳含量 / 提供室外空气输送符合标准	1
认证 2	室外空气通风率增加 30%	1
认证 3.1	施工期间管理室内空气质量	1
认证 3.2	入住前管理室内空气质量	1
认证 4.1	使用低 VOC 的胶粘剂和密封剂	1
认证 4.2	使用低 VOC 的油漆和涂料	1
认证 4.3	使用低排放的地毯和垫层	1

认证 4.4	选用的复合木和农业纤维制品中无脲醛	1
认证 4.5	家具和座椅选材采用低排放量材料	1
认证 5	控制室内化学品的使用和污染源	1
认证 6.1	向 90% 的用户提供照明控制	1
认证 6.2	向 50% 的用户提供相应措施控制热舒适度	1
认证 7.1	通过合理设计使热舒适度在任何时候都满足标准	1
认证 7.2	提供热舒适度长期监测系统	1
认证 8.1	为 75% 的使用空间提供采光	1
认证 8.2	为 90% 的使用空间提供采光	1
认证 8.3	为 90% 的使用空间提供视野	1

创新科技与设计流程 5 分

认证 1.1–1.2	创新设计：以上 LEED 标准的卓越表现	2
认证 1.3–1.4	创新设计：在 LEED 之外提供创新措施	2
认证 2	使用 LEED 认证的专业项目团队	1

总分 57 分

认证级：21–26 分　银级：27–31 分　金级：32–41 分　铂金级：42–57 分

附录 2.3
既有建筑 LEED-EB 认证标准

项目认证清单

可持续性选地		14 分
前提 1	建设活动中防止污染	必要的
前提 2	建成至少两年	必要的
认证 1.1	含有 4 个具体措施的对于绿地和建筑外部的管理计划	1
认证 1.2	含有另外 4 个具体措施的对于绿地和建筑外部的管理计划	1
认证 2	选择位于高密度地区的一个至少两层的建筑物	1
认证 3.1	提供公共交通	1
认证 3.2	提供自行车停放处和更衣室	1
认证 3.3	提供低排放和节能高效的汽车	1
认证 3.4	促进公共交通和远程办公	1
认证 4.1	保护或恢复选地中 50% 的开放空间	1
认证 4.2	保护或恢复选地中 75% 的开放空间	1
认证 5.1	雨水径流率和径流量减少 25%	1
认证 5.2	雨水径流率和径流量减少 50%	1
认证 6.1	利用园林绿化降低城市热岛效应	1
认证 6.2	利用反射屋面降低城市热岛效应	1
认证 7	通过场地照明尽量减少光污染	1

水资源利用率		5 分
前提 1	设备用水的使用减少到现行标准的 20% 的范围内要求	必要的
前提 2	所有水质量符合许可要求	必要的
认证 1.1	减少 50% 的用于景观绿化的饮用水使用量	1
认证 1.2	减少 95% 的用于景观绿化的饮用水使用量	1
认证 2	采用创新的污水处理技术	1
认证 3.1	建设用水减少 10%	1
认证 3.2	建设用水减少 20%	1

能源和大气		23 分
前提 1	委托定制所有现有建筑的节能系统	必要的
前提 2	安全等级达到 60 才能进行能源之星评级论证	必要的
前提 3	不使用 CFC 制冷剂	必要的
认证 1	提高能源效能，能源之星安全等级达到 63-99	1~10
认证 2	使用可再生能源：当地占 3%-12%；异地 15%-60%	1~4
认证 3.1	每年有 24 小时的员工教育时间	1
认证 3.2	预防性维修计划的最佳实践	1
认证 3.3	建设系统的连续监测	1
认证 4	使用危害性较小的制冷剂	1
认证 5.1	性能测试：加强计量（4 个具体措施）	1
认证 5.2	性能测试：加强计量（8 个具体措施）	1
认证 5.3	性能测试：加强计量（12 个具体措施）	1
认证 5.4	追踪减排报告	1
认证 6	记录所有的建设运营成本	1

材料与资源		16 分
前提 1.1	进行废物流审计	必要的
前提 1.2	提供空间存储和收集可循环使用物	必要的
前提 2	减少高含汞量灯泡的使用率	必要的
认证 1.1	转移需要处理 50% 的建筑垃圾	1
认证 1.2	转移需要处理 75% 的建筑垃圾	1
认证 2.1-2.5	可持续产品的采购：占总采购额的 10%-50%	1~5
认证 3.1-3.2	优化使用低 VOC 产品：占年度采购额的 45%-90%	1~2
认证 4.1-4.3	可持续的清洁产品：占年度采购额的 30%-90%	1~3
认证 5.1-5.3	用户回收量：回收总废物流的 30%-50%	1~3
认证 6	降低灯泡中汞含量的平均值	1

室内环境质量		22 分
前提 1	室外空气引进和排气系统	必要的
前提 2	控制或消除环境中的烟草烟雾	必要的
前提 3	拆除石棉或封装	必要的
前提 4	PCB 拆除	必要的
认证 1	室外空气输送监测	1
认证 2	增加 30% 的室外空气流通量	1
认证 3	建筑室内空气质素管理计划	1

认证 4.1	记录矿工和医疗保健成本的影响	1
认证 4.2	记录其他生产率的影响	1
认证 5.1	使用 MERV-13 过滤器的外部进气口	1
认证 5.2	隔离高容量的复印 / 打印室或传真室	1
认证 6.1	向 50% 的用户提供个性化照明控制	1
认证 6.2	向 50% 的用户提供个性化的温度 / 通风控制	1
认证 7.1	符合 ASHRAE 标准 55-2004	1
认证 7.2	为确保舒适性提供一个长期的检测系统	1
认证 8.1-8.2	光照与视野：50%-75% 的空间能够采光	1~2
认证 8.3-8.4	为 45%-90% 的空间提供室外视野	1~2
认证 9	制定和实施一个持续的室内空气质素维护计划	1
认证 10.1-10.6	绿色清洁：最多为 6 分	1~6

创新升级，操作和维护 5 分

认证 1.1-1.2	创新设计：以上 LEED 标准的卓越表现	2
认证 1.3-1.4	创新设计：在 LEED 之外提供创新措施	2
认证 2	使用 LEED 认证的专业项目团队	1

总分

合格：32-39 分　银级：40-47 分　金级：48-63 分　铂金级：64-85 分

附录 2.4
建筑主体结构与外围护结构的LEED–CS认证标准

项目认证清单

可持续性选地 15 分

前提 1	建设活动中防止污染	必要的
认证 1	选择不影响敏感的栖息地或有价值的土地	1
认证 2	选地位于人口密集的城市地区	1
认证 3	在棕色地区开发项目	1
认证 4.1	提供公共交通	1
认证 4.2	提供自行车存放处和更衣室	1
认证 4.3	提供低排放和节能高效的汽车	1
认证 4.4	不提供额外的停车容量	1
认证 5.1	保护或恢复开发区域内的栖息地	1
认证 5.2	使开发区域内的开放空间最大化	1
认证 6.1	防止雨水径流率或雨水径流量增长	1
认证 6.2	不使雨水径流的水质降低	1
认证 7.1	利用园林绿化降低城市热岛效应	1
认证 7.2	利用反射屋面降低城市热岛效应	1
认证 8	通过场地照明尽量减少光污染	1
认证 9	为承租人提供设计方案与建造指导	1

水资源利用率 5 分

认证 1.1	景观水体利用减少 50%	1
认证 1.2	不使用饮用水进行灌溉	1
认证 2	采用创新的污水处理技术	1
认证 3.1	建设用水减少 20%	1
认证 3.2	建设用水减少 30%	1

能源和大气 14 分

前提 1	委托定制所有新建筑的节能系统	必要的
前提 2	达到最低能源利用	必要的

前提 3	不使用 CFC 制冷剂	必要的
认证 1	与底线相比降低能源利用的 10.5% 到 35%	1~8
认证 2	使用开发区域内可再生资源占所有使用能源的 1%	1
认证 3	采用增强型调试方法	1
认证 4	使用危害较小的制冷剂	1
认证 5.1	对基地建设的能源使用的测量和验证进行规划	1
认证 5.2	对分表计量的用户的能源使用的测量和验证进行规划	1
认证 6	购买绿色电力能源的总用电量的 35% 以上	1

材料与资源 11 分

前提 1	提供空间存储和收集可循环使用物	必要的
认证 1.1	回收利用或保持现有建筑的墙壁、地板和屋顶的 25%	1
认证 1.2	回收利用或保持现有建筑的墙壁、地板和屋顶的 50%	1
认证 1.3	在重复利用过程中，保持内部非结构构件的 75%	1
认证 2.1	转移需要处理 50% 的建筑垃圾	1
认证 2.2	转移需要处理 75% 的建筑垃圾	1
认证 3	建筑材料中 1% 为重复利用的废弃材料	1
认证 4.1	建筑材料中 10% 采用的可再生材料	1
认证 4.2	建筑材料中 20% 采用的可再生材料	1
认证 5.1	使用当地材料价值占建筑价值的 10%	1
认证 5.2	使用当地材料价值占建筑价值的 20%	1
认证 6	使用经过认证的木材价值占所有新木材制品总价值的 50%	1

室内环境质量 11 分

前提 1	符合室内最低空气质量的性能水平	必要的
前提 2	控制或消除环境中的烟草烟雾	必要的
认证 1	监测二氧化碳含量 / 提供室外空气输送符合标准	1
认证 2	室外空气通风率增加 30%	1
认证 3	施工期间管理室内空气质量	1
认证 4.1	使用低 VOC 的胶粘剂和密封剂	1
认证 4.2	使用低 VOC 的油漆和涂料	1
认证 4.3	使用低排放的地毯和垫层	1
认证 4.4	选用的复合木和农业纤维制品中无脲醛	1
认证 5	控制室内化学品的使用和污染源	1
认证 6	向 50% 的用户提供相应措施控制热舒适度	1
认证 7	通过合理设计使热舒适度在任何时候都满足标准	1

认证 8.1	为 75% 的使用空间提供采光	1
认证 8.2	为 90% 的使用空间提供视野	1

创新科技与设计流程 5 分

认证 1.1–1.2	创新设计：以上 LEED 标准的卓越表现	2
认证 1.3–1.4	创新设计：在 LEED 之外提供创新措施	2
认证 2	使用 LEED 认证的专业项目团队	1

总分 61 分

合格：23–27 分　银级：28–33 分　金级：34–44 分　铂金级：45–61 分

附录 2.5
住宅建筑 LEED-H 认证标准（试用版）

项目清单

最少分数要求：

认证级：	45
银级：	60
金级：	75
铂金级：	90
	可用的
创新与设计过程（ID）（需要至少 ID 分数 0 分）	9

集成项目计划

1.1	初步评价	必要的
1.2	综合工程队	1
1.3	设计专家研讨会议	1

耐久性质量管理

2.1	耐久性规划（筹建）	必要的
2.2	对温室采取的措施	必要的
2.3	质量管理	必要的
2.4	第三方耐久性检测	3

创新性设计

3.1	为具体措施提供说明和理由	1
3.2	为具体措施提供说明和理由	1
3.3	为具体措施提供说明和理由	1
3.4	为具体措施提供说明和理由	1

位置和联系（LL）（需要至少 LL 分数 0 分） 10

基地选择		
1.	LEED-ND 周边	10
2.	避免环境脆弱的基地和农田	2
参考地点		
3.1	选择一个周边发展的基地	1
3.2	或选择一个已建基地	2
3.3	选择一个以前开发的基地	1
基础设施		
4	基地 1/ 2 英里（0.8 公里）内有供水和污水处理	1
社区资源和公共交通		
5.1	基本的社会资源 / 公共交通	1
5.2	或更广泛的社会资源 / 公共交通	2
5.3	或杰出的社会资源 / 公共交通	3
访问开放的空间		
6	可公开进入的绿色空间	1
可持续地块（SS）（需要至少 SS 分数 5 分）		21
基地管理		
1.1	侵蚀控制（在建）	必要的
1.2	最小扰动区基地	1
园林绿化		
2.1	没有外来入侵植物	必要的
2.2	基本的景观设计	2
2.3	限制草皮	3
2.4	使用耐旱植物	2
硬铺的遮阳		
3	定位并植树为硬铺遮荫	1
地表水管理		
4.1	设计透水地块	4

4.2 设计和安装持久的侵蚀控制 2

无毒病虫害防治

5 从列表中选择昆虫害虫控制的物品 2

紧凑发展

6.1 住房的平均密度 >7 单元 / 英亩 2

6.2 或住房的平均密度 >10 单元 / 英亩 3

6.3 或住房的平均密度 >20 单元 / 英亩 4

用水效率（WE）（需要至少 WE 分数 3 分） 15

中水回用

1.1 雨水收集系统 4

1.2 中水回用系统 1

灌溉系统

2.1 从列表中选择高效率的措施 3

2.2 第三方认证 1

2.3 或安装获得许可或者认证的专业设计的景观 4

室内水使用

3.1 高效率洁具（马桶，淋浴和水龙头） 3

3.2 或非常高的效率洁具（厕所，淋浴和水龙头） 6

能源和大气（EA）（需要至少 EA 分数 2 分） 38

能源星级住宅

1.1 第三方测试，符合能源星级住宅 必要的

1.2 超过了能源星级住宅 34

保温隔热

2.1 第三方检查保温隔热，至少 HERS 等级达到二级 必要的

2.2 第三方检查保温隔热，达到 HERS 等级一并超过 5% 2

空气渗透

3.1 第三方的气体包裹泄漏测试 <7.0 空气更改 / 小时 必要的

3.2	第三方的气体包裹泄漏测试 <5.0 空气更改 / 小时	2
3.3	第三方的气体包裹泄漏测试 <3.0 空气更改 / 小时	3

窗户

4.1	符合能源星级窗户的窗户	必要的
4.2	超过能源星级窗户（表）的窗户	2
4.3	超过能源星级窗户（表）的窗户	3

管道气密性

5.1	第三方的管道向外泄漏测试 <4.0CFM 每 100 平方英尺	必要的
5.2	第三方的管道向外泄漏测试 <3.0CFM 每 100 平方英尺	2
5.3	第三方的管道向外泄漏测试 <1.0CFM 每 100 平方英尺	3

空间加热和制冷

6.1	符合能源星级 HVAC 里手册 J 和制冷剂充注试验	必要的
6.2	HVAC 比能源星级好	2
6.3	HVAC 大大超过了能源之星	2

水加热

7.1	改进热水配水系统	2
7.2	管道保温	1
7.3	改进的水加热设备	3

照明

8.1	安装至少三个能源之星标志的灯具（或节能型荧光灯）	必要的
8.2	高效节能灯具和控制	2
8.3	或比能源之星先进的照明方案	3

家电

9.1	从列表中选择家电	2
9.2	非常高效的洗衣机（MEF>1.8; WF<5.5）	1

可再生能源

10	改进的热水配水系统	10

制冷剂管理

11	最大限度地减少臭氧消耗和全球变暖的增加	1

材料和资源（MR）（需要至少 MR 分数 2 分）		14
高效材料框架		
1.1	所有为框架结构的浪费因子不得超过 10%	必要的
1.2	先进的框架技术	3
1.3	或结构隔热板	2
环保产品		
2.1	如使用的热带木材话，必须通过森林管理认证评议会	必要的
2.2	从列表中选择环保产品	8
废物管理		
3.1	文档的整体转移率	必要的
3.2	减少 25% -100%送往垃圾填埋场的废弃物	3
室内环境质量（IEQ）（需要至少 IEQ 分数 6 分）		20
能源星级和 IAP		
1	符合能源星级 / 室内空气包裹（IAP）	11
燃烧排气		
2.1	空间采暖和生活热水设备或杜绝电力浪费	必要的
2.2	安装高性能的壁炉	2
水分控制		
3	分析水分载荷并且安装中央系统（如果需要的话）	1
室外空气流通		
4.1	符合美国热、冷冻和空调工程师协会规范 62-2	必要的
4.2	独立新风系统（W / 热回收）	2
4.3	第三方测试的从室外进入室内的空气流量	1
局部排气		
5.1	符合美国热、冷冻和空调工程师协会规范 62-2	必要的
5.2	自动定时器控制浴室的抽气扇	1
5.3	第三方测试的从室内向室外排气的流量	1

支持空气分布

6.1 会见英国特许公认会计师公会手册 D 必要的

6.2 第三方提供空气流量测试，测试进入每个房间的空气流量 2

支持空气过滤器

7.1 ≥8MERV 过滤器，W / 足够的空气流 必要的

7.2 ≥10MERV 过滤器，W / 足够的空气流 1

7.3 ≥13MERV 过滤器，W / 足够的空气流 2

污染物控制

8.1 在施工期间密封管道 1

8.2 持久的走垫或鞋柜或中央真空 2

8.3 一周打开窗口持续的冲洗房间 1

氡气保护

9.1 如果在美国环保署（EPA）1 区，安装氡耐设施 必要的

9.2 如果不在美国环保署（EPA）1 区，安装氡耐设施 1

车库污染物保护

10.1 车库中没有空气处理设备或回风管道 必要的

10.2 密封车库和住宅之间的共有表面 2

10.3 车库里的排气风扇 1

10.4 或独立车库或没有车库 3

认识和教育（AE）（需要至少 AE 分数 0 分） 3

房主和 / 或租主的教育

1.1 基本住户手册和参观 LEED 之家 必要的

1.2 综合住户手动和多次穿行 / 训练 1

1.3 提高 LEED 之家的公众认识 1

建筑管理人员的教育

2.1 基本建筑管理手册和参观 LEED 之家 1

总积分 130

附录 2.6
社区开发 LEED-ND 认证标准

项目清单

智能位置和连结		30 分
前提 1	智能位置	必要的
前提 2	接近水和污水处理设施	必要的
前提 3	保护濒危物种和生态群落	必要的
前提 4	湿地和水体保护	必要的
前提 5	农田保护	必要的
前提 6	避免涝区	必要的
认证 1	棕地重建	2
认证 2	高优先级的棕地重建	1
认证 3	首选地点	10
认证 4	降低汽车的依赖	8
认证 5	自行车网络	1
认证 6	住房和工作接近	3
认证 7	接近学校	1
认证 8	高边坡支护	1
认证 9	为栖息地或湿地的保护设计基地	1
认证 10	栖息地或湿地的恢复	1
认证 11	栖息地或湿地的保护管理	1

社区图案和设计		39 分
前提 1	开放的集群	必要的
前提 2	紧凑型发展	必要的
认证 1	紧凑型发展	7
认证 2	用途的多样性	4
认证 3	多样性的房屋类型	3
认证 4	廉租房	2
认证 5	经济实惠的可供出售住房	2
认证 6	减少停车轨迹	2
认证 7	适合步行的街道	8

认证 8	街道网络	2
认证 9	交通设施	1
认证 10	交通需求管理	2
认证 11	访问周边地区	1
认证 12	进入公共场所	1
认证 13	访问活动的公共空间	1
认证 14	畅道通行	1
认证 15	社区外展和参与	1
认证 16	当地的粮食生产	1

绿色建筑与技术		31 分
前提 1	建设活动的污染防治	必要的
认证 1	LEED 认证的绿色建筑	3
认证 2	建筑物的能源效率	3
认证 3	减少水的使用	3
认证 4	建筑再利用和适当利用	2
认证 5	再利用历史建筑	1
认证 6	通过现场设计，最小化现场干扰	1
认证 7	工地施工过程中的干扰最小化	1
认证 8	棕地修复中减少污染物	1
认证 9	雨水管理	5
认证 10	减少热岛	1
认证 11	太阳方位	1
认证 12	现场发电	1
认证 13	现场可再生能源	1
认证 14	地区的供暖和制冷	1
认证 15	基础设施的能源效率	1
认证 16	废水管理	1
认证 17	为基础设施回收的物品	1
认证 18	建筑废物管理	1
认证 19	综合废物管理	1
认证 20	减少光污染	1

创新科技及设计流程		6 分
认证 1.1–1.2	设计创新：表现比 LEED 标准出色	2
认证 1.3–1.4	设计创新：不在 LEED 内的环保措施	2

认证 1.5	创新设计：其他措施	1
认证 2	用 LEED 认证的专业项目团队	1

总分 106 分

认证级：40–49 分　银级：50–59 分　金级：60–79 分　铂金级：80–106 分

附录 2.7
医疗保健建筑的绿色指南

设计与施工项目检查表

前提 1	追求一个综合的设计流程	必要的
前提 2	制定一个健康任务声明和程序	必要的

可持续地块		21 分
前提 1	防止建设活动的场外污染	必要的
认证 1	选择的基地在不敏感的住处	1
认证 2	定位在城市建成区	1
认证 3.1	棕地重建：基本修复水平	1
认证 3.2	棕地重建：住宅整治水平	1
认证 3.3	棕地重建：尽量减少对未来的危害	1
认证 4.1	定位设施来提供公共交通服务	1
认证 4.2	提供自行车存放处和更衣室	1
认证 4.3	提供低排放和燃料效率的汽车	1
认证 4.4	不要增加停车容量超过法规最小值	1
认证 5.1	基地开发：保护或恢复开放式空间或住处	1
认证 5.2	发展：减少覆盖区的发展	1
认证 5.3	基地开发：场 50%或更多的空间使用有组织的停车	1
认证 6.1	不要增加雨水径流的速度或数量	1
认证 6.2	不要减少雨水径流水质	1
认证 7.1	热岛效应：非屋顶	1
认证 7.2	热岛效应：屋顶	1
认证 8	减少光污染	1
认证 9.1	与自然界联系：室外休息的地方	1
认证 9.2	与自然界联系：外部访问者	1
认证 10.1	社区污染预防：空气释放	1
认证 10.2	社区污染预防：泄漏和溢出	1

用水效率		6 分
前提 1	饮用水使用的医疗设备冷却	必要的
认证 1	节水型的绿化：不使用饮用水或不灌水	1
认证 2.1	减少使用饮用水：测量和验证	1
认证 2.2	减少使用饮用水：生活用水：给小便池和洗手槽装备传感器	1
认证 2.3	减少使用饮用水：生活用水：采用低流量装置	1
认证 2.4	减少使用饮用水：冷却塔使用的 20%	1
认证 2.5	减少使用饮用水：使用回收冷凝	1

能源和大气		21 分
前提 1	委员会所有新建筑的能源系统	必要的
前提 2	达到最少能源使用	必要的
前提 3	不使用 CFI 制冷剂	必要的
认证 1	优化能源性能：与一个标准建筑相比节省 10.5%~42%	1~10
认证 2	使用当地可再生能源：50 瓦至 150 瓦每平方英尺	1~3
认证 3	采用增强型调试方法	1
认证 4	增强型制冷剂管理	1
认证 5	测量与验证	1
认证 6	购买绿色电力能源占总用电量的 20% 到 100%	1~4
认证 7	设备效率	1

材料和资源		21 分
前提 1	提供空间存储和收集可循环使用物	必要的
前提 2	消除汞使用	必要的
认证 1.1-1.2	建筑再利用：保持现有的墙壁，地板和屋顶的 40% 或 80%	1~2
认证 1.3	建筑再利用：保持内部非结构构件的 50%	1
认证 2.1	建筑废物管理：转移需要处理 50% 的建筑垃圾	1
认证 2.2	建筑废物管理：转移需要处理 75% 的建筑垃圾	1
认证 2.3	建设实践：场地和物料管理	1
认证 2.4	建设实践：公共设施和排放控制	1
认证 3	使用 10% ~50% 的可持续能源材料	1~5
认证 4	消除持久性，生物累积性和有毒化合物：二噁英，汞，铅，和镉	1~3
认证 5.1	家具与医疗家具：资源再利用	1
认证 5.2	家具与医疗家具：材料	1

认证 5.3	家具和医疗家具：制造，运输和回收	1
认证 6	减少铜量	1
认证 7.1	资源使用：设计的灵活性	1
认证 7.2	资源使用：耐久性设计	1

室内环境质量（EQ） 　24 分

前提 1	室内空气质量	必要的
前提 2	环境烟雾控制	必要的
前提 3	有害物质去除或封装	必要的
认证 1	室外空气输送监测	1
认证 2	自然通风	1
认证 3.1	建筑 EQ 管理计划：在施工期间	1
认证 3.2	建筑 EQ 管理计划：入住前	1
认证 4.1	低排放量材料：室内粘合剂和密封剂	1
认证 4.2	低排放量材料：墙面和天花板装饰	1
认证 4.3	低挥发材料：地板系统	1
认证 4.4	低挥发材料：复合木制品和绝缘	1
认证 4.5	低挥发材料：家具和医疗家具	1
认证 4.6	低挥发材料：应用在外部的产品	1
认证 5.1	化学和污染源控制：室外	1
认证 5.2	化学和污染源控制：室内	1
认证 6.1	系统的可控性：照明	1
认证 6.2	系统的可控性：热舒适	1
认证 7	热舒适性	1
认证 8.1 a-c	室内日光：6%至 18%以上超过“平方根基”日光区域	1~3
认证 8.1 d-e	室内日光：75%至 90%的普通日光照射区域	1~2
认证 8.2	联系自然世界：室内休息的地方	1
认证 8.3	照明和昼夜节律	1
认证 9.1	声环境：外部噪声，声结束后，房间内的噪音水平	1
认证 9.2	声环境：隔音，寻呼和呼叫系统，以及建筑物的振动	1

创新与研究 　4 分

认证 1	创新设计：在 GGHC 水平之上的规范绩效或 GGHC 没有提到的重要类型	1~2
认证 2	记录健康，护理质量和生产效率性能影响的研究活动	1~2

建设总分 97分

经营项目检查表

建设行动 5分

前提1	不断自我认证	必要的
前提2	综合运营和维护过程	必要的
前提3	环境烟雾控制	必要的
前提4	室外空气引入和排气系统	必要的
认证1.1	建筑的运营和保持职工教育	1
认证1.2	建筑的运营和维护：建立系统维护	1
认证1.3	建筑的运营和维护：建立系统监控	1
认证2.1	室内空气质量管理：保持室内空气质量	1
认证2.2	室内空气质量管理：减少在空气扩散的颗粒物	1

运输 3分

认证1.1	可选交通方式：公共交通服务	1
认证1.2	可选交通方式：低排放和高燃料效率的汽车	1
认证1.3	可选交通方式：拼车计划	1

能源和大气 18分

前提1	现有建筑调试	必要的
前提2	最小建筑能源消耗	必要的
前提3	臭氧保护	必要的
认证1	优化能源性能：能源星级得分63~99分	1~10
认证2.1	本地和非本地的可再生能源：用电总量的1%用本地能源或用电总量的5%从外地购买	1
认证2.2	本地和非本地的可再生能源：2%或10%	1
认证2.3	本地和非本地的可再生能源：5%或25%	1
认证2.4	本地和非本地的可再生能源：10%或50%	1
认证3	高效节能设备	1
认证4	制冷剂的选择	1
认证5.1	衡量性能：加强计量	1
认证5.2	衡量性能：减排报告	1

用水效率 8分

前提1	最低用水效率	必要的
认证1	节水型园林绿化：减少50%到100%的饮用水使用	1~2
认证2	建筑物用水：减少10%至5??0%	1~5

认证 3	衡量性能：加强计量	1
室内环境质量		5 分
前提 1	聚氯联苯（PCB）的去除率	必要的
认证 1.1	社区污染预防：空气释放	1
认证 1.2	社区污染预防：泄漏和溢出	1
认证 2.1	室内污染源控制和其他职业风险：化学品管理和最小化	1
认证 2.2	室内污染源控制和其他职业风险：高危险化学品	1
认证 3	化学放电：药品的管理和处置	1
废物管理		6 分
前提 1	废物流审计	必要的
认证 1	废物总量减少 15%–35%	1~3
认证 2.1	管制的医疗废物减少量：<10%	1
认证 2.2	管制的医疗废物减少量：尽量减少焚烧	1
认证 3	减少食物浪费	1
维护实践		9 分
认证 1.1	室外场地和建筑物外部管理：实施 4 个战略	1
认证 1.2	室外场地和建筑物外部管理：实现 8 个策略	1
认证 2	室内有害生物综合管理	1
认证 3	环境较好的清洗政策	1
认证 4	可持续的清洁产品和材料：占年度采购的 30%~90%	1~4
认证 5	对环境好的无害的保洁设备	1
环保采购		11 分
认证 1.1	食物：有机或可持续	1
认证 1.2	食物：抗菌食物	1
认证 1.3	食物：本地生产 / 食品安全	1
认证 2	清洁卫生纸和其他一次性产品	1
认证 3	电子采购和全方位管理	1
认证 4.1	减少有毒物：汞	1
认证 4.2	减少有毒物：二乙基己酯	1
认证 4.3	减少有毒物：天然橡胶乳胶	1
认证 5	家具和医疗家具	1
认证 6	室内空气品质符合的产品：占年度采购的 45%~90%	1~2

创新和归档		**7 分**
认证 1.1–1.2	在 GGHC 标准以上的出色绩效	1~2
认证 1.3–1.4	在 GGHC 里没有记录的高绩效	1~2
认证 2	记录持续操作：商业案例影响	1
认证 3.1	记录生产率影响：旷工和医疗保健成本的影响	1
认证 3.2	记录生产率的影响：研究计划	1

操作总分	**72 分**

尾注

序言

1. 由美国绿色建筑委员会未发表过的数据，提供给作者，2007 年 3 月。
2. 正如看到的，例如，汉森年代评论文章“对地球的威胁”，2006 年 7 月 13 日的纽约书评，访问地址为 www.nybooks.com/articles/19131，2007 年 4 月 2 日访问。

前言

1. 第四次关于政府间气候变化专业委员会的报告，于 2007 年 2 月发布，阐述了全球气候变化的几率有 90% 会是人类导致的。访问地址为 www.ipcc.ch，2007 年 6 月 3 日访问。

第一章

1. 年建筑 2030, 访问地址为 www.architecture2030.com 当前的架构情况。
2. 安德斯・恩奎斯特，托马斯・瑙克勒和耶克尔・罗桑德，“一个关于绿色建筑气体减排的成本曲线”，麦肯锡季刊，2007 年 3 月，访问地址为 www.mckinseyquarterly.com/article_page.aspx?ar=1911，2007 年 3 月 22 日访问。
3. 大卫・戈特弗里德，对绿色的渴望，(伯克利，CA: 世界建筑出版，2004)。
4.《联合国气候变化框架公约》、《京都议定书》，访问地址为 http://unfccc.int/kyoto_protocol/items/2830.php,2007 年 6 月 5 日访问。
5. 美国绿色建筑委员会未公开出版的数据，提供给作者，2007 年 3 月。
6. 访问地址为 :www.energystar.gov/index.cfm?fuseaction=qhmi.showHomesMarketIndex，2007 年 4 月 2 日访问。
7. 由美国绿色建筑委员会未发表过的数据，提供给作者，2007 年 3 月。
8. 美国人口普查局 : 建筑支出 : 公共建设。访问地址为 http://www.census.gov/const/www/totpage.html,2007 年 6 月 5 日访问。
9. 美国绿色建筑委员会，访问地址为 www.usgbc.org/ShowFile.aspx?DocumentID=742#8，2007 年 3 月 21 日访问。
10. 美国绿色建筑委员会，访问地址为 www.usgbc.org/ShowFile.aspx?DocumentID=742#9and #10，2007 年 3 月 21 日访问。
11. 谢法劳・兰加纳坦的“建筑能源”,2006 年 9 月 11 日出版。访问地址为 www.eesi.org/publications/Fact%20Sheets/Buildings_energy_9.11.06.PDF，2007 年 3 月 21 日访问。
12. 加州的通用服务部门，“绿色加利福尼亚。”访问地址为 www.green.ca.gov，2007 年 3 月 21 日访问。

13. 美国绿色建筑委员会研究，访问地址为 www.usgbc.org/ShowFile.aspx?DocumentID=2061，2007 年 4 月 1 日访问。
14. 能源信息管理局，“石油导航员”，访问地址为 http://tonto.eia.doe.gov/dnav/pet/hist/wtotworldw.htm，2007 年 3 月 21 日访问。
15. 美国环境保护局和美国能源部，“你准备好利用新的商业税收优惠政策了吗？”访问地址为 www.energystar.gov/ia/business/comm_bldg_tax_incentives.pdf，2007 年 4 月 2 日访问。
16. 美国能源部，“内华达州的法律促进绿色建筑，改变了能再生任务”访问地址为 www.eere.energy.gov/states/news_detail.cfm/news_id=9149，2007 年 4 月 2 日访问。
17. 德博拉·斯努那“友邦保险董事会设置支持的宏伟议程能力”，建筑记录，2005 年 12 月 27 日，访问地址为 http://archrecord.construction.com/news/daily/archives/051227aia.asp，2007 年 4 月 2 日访问。

第二章

1. 在 2006 年年底，到 2007 年，LEED 认证了 513 个系统和“绿色地球”约 10 或总和的 2%。
2. 美国总务管理局向国会提交的报告，访问地址为 www.usgbc.org/ShowFile.aspx?DocumentID=1916，2007 年 3 月 6 日访问。
3. 作者关于美国绿色建筑委员会注册的分析和 LEED 认证数据，2007 年 3 月 30 日访问。
4. 劳拉·凯斯 和 大卫·佩恩，艾莫利大学，访问，2007 年 3 月。
5. 南希·卡莱尔“面向 21 世纪的实验室：案例研究”访问地址为 www.labs21century.gov/pdf/cs_emory_508.pdf，2007 年 3 月 20 日访问。
6. 海因斯“1180 桃树”，访问地址为 www.hines.com/property/detail.aspx?id=507，2007 年 3 月 20 日访问。
7. 杰瑞·莱亚，海因斯，2006 年 3 月。
8. 同上。
9. 阿曼达·斯图尔松，获得认证标准的 LEED-CI 铂金级认证：帕金斯 + 威尔新的铂金在西雅图开掘，访问地址为 www.aia.org/cote_a_0703_walktalk，2007 年 3 月 20 日访问。
10. 同上。
11. 海蒂·施瓦茨，“Moss Landing 实验室满足一个人的运动”2004 年 4 月 1 日，访问地址为 www.mlml.calstate.edu/news/newsdetail.php?id=35，2007 年 3 月 20 日访问。
12. 绿色建筑倡议，访问地址为 www.thegbi.org。
13. “绿色建筑和底线”，建筑设计 + 施工，出版于 2006 年 11 月，第 56-57 页，访问地址为 www.bdcnetwork.com。华再版许可锡安建筑设计 + 施工。版权 2006 年里德商业信息。保留所有权利。
14. 卢里塔·杜安致信给交通运输小组委员会的主席克里斯托弗·邦德和财政部、司法部、美国住宅和城市发展部以及相关的机构，2006 年 9 月 15 日。访问地址为 www.usgbc.org/ShowFile.aspx?DocumentID=1916，2007 年 4 月 3 日访问。
15. 同上。

16. 美国绿色建筑委员会，美国总务管理局认为：“能源与环境设计认证是最可靠的绿色建筑评级系统”，2007年9月16日，访问地址为www.usgbc.org/News/USGBCInTheNewsDetails.aspx?ID=2628，2007年4月3日访问。

第三章

1. 有些建筑可能有绿色的元素，但未得到正规的认证。我的估计是，这些代表不到一半的绿色建筑市场的绿色建筑在目前或者是未来的三年将急剧的下降。建筑的认证是在其他地方进行的，事实上，大多数人声称自己要做绿色设计，但并未通过独立的第三方去证明，从而实行自欺。，因为没有认证作为一个目标，也是削减大多数项目绿色元素预算的重要原因。
2. 查尔斯·洛克伍德，“如同室外的草地般的绿色”《巴伦周刊》,2006年12月25日，访问地址为http://online.barrons.com/article/SB116683352907658186.html?mod=9_0031_b_this_weeks_magazine_main，2007年3月6日访问。
3. 彼得·维尔威澳大利亚房地产协会的CEO,在澳大利亚悉尼07年的年会上介绍绿色城市，访问地址为www.gbcaus.org.au，2007年2月13日访问。
4. 杰瑞·莱亚，海因斯，采访，2007年3月。
5. 理查德·库克，Cook+Fox建筑事务所，纽约，采访，2007年3月。
6. 2005年关于绿色建筑及绿色建筑在低等教育和高等教育的调查，访问地址为www.turnerconstruction.com/greensurvey05.pdf，2007年3月6日访问。
7. “生态3”，访问地址为www.ecologic3.com，2007年6月。
8. 保罗·沙赫里尔，GreenMind股份有限公司，采访，2007年3月。
9. 美国绿色建筑委员会，使业务案例提高性能，绿色建筑（华盛顿特区：美国绿色建筑委员会，2002年），访问地址为www.usgbc.org/resources/usbgc_brochures.asp, 2007年3月6日。参见环境建设新闻14版4号(2005年4月)，访问地址为www.building-green.com，2007年3月6日访问。
10. 参见www.eia.doe.gov/oiaf/aeo/key.html，2007年3月6日，关于2006年6月的预报。
11. 最近由教育学劳伦斯伯克利国家实验室进行的成本－商业建筑调试的有效性研究，访问地址为http://eetd.lbl.gov/emills/PUBS/Cx-Costs-Benefits.html。这项研究回顾了224篇建筑调试的好处并得出基于能量节约的结论，这些投资在五年内就会有回报。
12. 俄勒冈州商业能源税收抵免，“申请初步认证的可持续建筑。”访问地址为www.oregon.gov/ENERGY/CONS/BUS/docs/Sustain-ableAp.doc，2007年3月6日访问。
13. 俄勒冈州能源部，“商业能源税收抵免，”访问地址为www.oregon.gov/ENERGY/CONS/BUS/BETC.shtml，2007年3月6日访问。
14. 自然资源保护委员会，“纽约的绿色建筑的税收抵免，”2002年9月19日，访问地址为www.nrdc.org/cities/building/nnytax.asp，2007年3月6日访问。
15. 林恩·西蒙，西蒙&联合公司，个人沟通，2007年2月2日，访问地址为www.eere.energy.gov/states/news_detail.cfm/news_id=9149，2007年3月6日， 和www.leg.state.

nv.us/22ndSpecial/bills/AB/AB3_EN.pdf，2007 年 3 月 6 日，内华达州的立法机关正在考虑在 2007 年废除这个法律，由于其高成本方面的收入损失。

16. 美国能源部的能源政策法案 2005 年版，访问地址为 www.energy.gov/Taxbreaks.htm，2007 年 3 月 6 日访问。

17. 十一个案例研究表明，创新的采光系统可以在不到一年自给自足，由于能源和生产效益。VivianLoftness et al. 建筑投资决策支持（投标）（匹兹堡：中心建筑性能和诊断，卡内基梅隆大学。）访问地址为 http://cbpd.arc.cmu.edu/ebids，2007 年 3 月 6 日访问。

18. 卡耐基 – 梅隆大学，访问地址为 http://cbpd.arc.cmu.edu/ebids/images/group/cases/Lighting.pdf，2007 年 3 月 6 日访问。

19. 格雷格 · 卡茨"成本和经济效益的绿色建筑"访问地址为 www.cap-e.com/ewebeditpro/items/059F3303.ppt#2，2007 年 3 月 6 日访问。

20. "在芝加哥允许开发者快速变得环保"建筑设计 + 建造，2005 年 2 月，访问地址为 www.bdcnetwork.com，20007 年 3 月 6 日访问。

21. S · 理查德 · 费德里奇，美国绿色建筑委员会 CEO，个人通讯，2006 年 10 月。

22. 构建在线，"消防员基金率先引入绿色建筑覆盖率"。2006 年 10 月 12 日，访问地址为 www.buildingonline.com/news/viewnews.pl?id=5514，2007 年 3 月 6 日访问。

23. 美国绿色建筑委员会。"美国绿色建筑委员会授予 Adobe 总部最高荣誉。"2006 年 12 月 5 日，访问地址为 www.usgbc.org/News/PressRe-leaseDetails.aspx?ID=2783，2007 年 3 月 6 日访问。

24. "绿色建筑的业务案例"，城市土地，2005 年 6 月，访问地址为 www.uli.org。

25. 美国绿色建筑委员会，"纽约宣布能源和环境世贸中心建筑群将去 LEED 认证，"2006 年 9 月 14 日。访问地址为 www.usgbc.org/News/PressReleaseDetails.aspx?ID=2590，2007 年 3 月 6 日访问。

26. 国家工业和办公物业协会，访问地址为 www.naiop.org。

27. 格丁·埃德伦发展，访问地址为 www.gerdingedlen.com; Justin Stranzi，日常商业日报（波特兰），2007 年 2 月 26 日，第 4 页。

28. 城市土地协会，访问地址为 www.uli.org/AM/Template.cfm?Section=GreenTech1&Template = /MembersOnly。cfm&ContentID = 37654，2006 年 12 月 31 日访问。

29. 企业办公地产信托，访问地址为 www.copt.com/?id=162，2007 年 3 月 6 日。

30. 丽萨 · 张伯伦：平方英尺；发现绿色建筑改造，《新纽约时报》，2007 年 1 月 10 日。

31. 罗斯公司，访问地址为 www.rose-network.com/projects/index.html，2007 年 3 月 6 日访问。

32. 悉尼 · 米德，"生态信赖工具包：让 · 沃勒姆国家首都中心访问地址为 www.ecotrust.org/ncc/index.html，2007 年 3 月 6 日访问。

33. 克雷斯吉的责任基础，"绿色建筑计划"，访问地址为 www.kresge.org/content/displaycontent.aspx?CID=7，2007 年 3 月 6 日访问。

第四章

1. 吉姆 · 金曼 · 特纳建设访谈 ,2007 年 3 月。
2. 格雷戈里 · 卡茨，“绿色建筑的成本和经济效益”，2003，访问地址为 www.cap-e.com/ewebeditpro/items/059F3303.ppt#1，2007 年 3 月 6 日访问。
3. 丹尼斯 · 王尔德 , 格丁 · 埃德伦发展公司 , 个人通信 ,2006。
4. 一个案例研究 , 这个项目可能在没有成本的情况下可以责令该项目的研究、界面工程 , 访问地址为 www.ieice.com。同样安迪 · 弗立绍和杰里 · 尤德而森 “铂金的财政预算案”，咨询指定工程师，2005 年 10 月 , 访问地址为 www.csemag.com/article/CA6271678.html?text=Platinum,2007 年 3 月 6 日访问。
5. 丽莎 · 费伊 · 马修森和彼得 · 莫里斯，“成本核算绿色 : 一个全面的数据基地 ,” Davis Langdon,2004, 访问地址为 www.davislangdon.com/USA/research.
6. 丽莎·费伊·马修森，托德·西伊，和彼得·莫里斯，“建设布伦 : 绿色实验室设计的价格”，2006，访问地址为 www.davislangdon.us。
7. 利斯 · 夏普，哈佛绿色校园倡议 , 采访 ,2007 年 3 月。
8. 史蒂芬 · 温特提出 , 美国总务管理局 LEED 成本研究，可下载的 (578 页), 整个建筑设计指南网站 ,www.wbdg.org/ccb/GSAMAN/ gsaleed.pdf,2007 年 3 月 18 日。作者注 : “建设成本估计反映许多 GSA 特定的设计特点和项目假设 ; 因此 , 数字必须谨慎使用和不得直接转移到其他项目类型或建筑物业主” (p.2)。
9. 美国绿色建筑委员会 , “LEED 成本模块培训班 ,” 2006 年 11 月。
10. 这种精细的措辞来源于 Amory Lovins。看到的 , 例如 , 保罗·霍肯，阿莫里· 洛温，亨特·洛温自然资本主义 (波士顿 : 小布朗 ,1999)115 页 , 为进一步讨论这一至关重要的原则 , 综合设计。
11. 盖尔 · 林赛，FAIA，个人通讯 ,2007 年 3 月。
12. 瑞贝卡 · 弗洛拉，绿色建筑联盟 , 采访 ,2007 年 3 月。

第五章

1. 费恩 · 西格尔，“将来时态 : 2007 年 JWT 景点趋势”，媒体每日新闻 ,2006 年 12 月 29 日， 访 问 地 址 为 http://publications.mediapost.com/index.cfm?fuseaction=Articles.san&s=53075&Nid=26151&p=401551，2007 年 3 月 21 日访问。
2. 绿色智能教育建筑市场报告 , 麦格劳 - 希尔的建设研究和分析 ,2007 年 , 第 12 页。访问地址为 www.construction.com/greensource/resources/smartmarket.asp。
3. 霍华德 · 舒尔茨，星巴克主席 , 在星巴克的年度会议上的言论 , 在《华尔街日报》2007 年 3 月 20 日报道，访问地址为 http://online .wsj.com/ar-ticle/SB117448991525244165.html?mod=index_to_people。
4. 这是一个美国绿色建筑委员会的首席执行官宣布的一个目标 , 到 2010 年有 10 万项申请评估项目或在 2006 年 11 月年会上的目标更保守的估计。

5. 吉姆・豪伊，美国施工预测表，基于到位的投资表示方法和房屋开工，2007 年 3 月发布，构建团队预测，2007 年 3 月 5 日，访问地址为 www.buildingteamforecast.com/article/CA6421650.html?industryid=44206，2007 年 3 月 22 日访问。
6. 理查德・佛罗里达，创新阶层的兴起：它是如何转换工作、休闲、社区和日常生活（纽约：珀尔修斯图书集团，2002 年）。
7. 例如，自然营销研究所网站 www.nmisolutionscom。
8. “什么样的房子是能源之星认证的合格新房？”访问地址为 www.energystar.gov/ index.cfm?c=new_homes.hm_earn_star，2007 年 3 月 30 日访问。
9. “能源之星”合格的新住宅市场指数，访问地址为 www.energystar.gov/index.cfm?fuseaction=qhmi.showHomesMarketIndex，2007 年 3 月 30 日访问。
10. 对于一个 PATH（合作推进技术在住房）评估报告，访问地址为 www.toolbase.org/tertiaryT.asp?DocumentID=4120&CATEGORYID=1505。
11. 美国建筑师学会，“建筑师呼吁到 2010 年减少百分之五十的化石燃料用于建造和运行的建筑，”新闻发布，2005 年 12 月 19 日，访问地址为 www.aia.org/press2_template.cfm?pagename=release%5F121905 %5Ffossilfuel。
12. 建筑 2030 年，“2030 年的挑战。”访问地址为 http://www.architecture2030.com/open_letter/index.html，2007 年 6 月 6 日访问。
13. Builder 杂志，2007 年 5 月，第 139 页，www.builderonline.com。
14. “能源之星”合格的新住宅市场指数。访问地址为 www.energystar.gov/index.cfm?fuseaction=qhmi.showHomesMarketIndex，2007 年 3 月 21 日访问。
15. 吉姆・布劳顿，访谈，2007 年 3 月。
16. “2005 调查的绿色建筑加绿色建筑在 k - 12 教育和高等教育。”访问地址为 www.turnerconstruction.com/greensurvey 05.pdf，2007 年 3 月 6 日访问。
17. 罗布・卡西迪，“绿色建筑和底线，”建筑设计 + 建设，2006 年 11 月补充，第 8 页，访问地址为 www.bdcmag.com，2007 年 3 月 6 日，允许转载建筑设计 + 建设。版权 2006 里德业务信息。保留所有权利。
18. 詹姆斯・高曼，特纳建设，采访，2007 年 3 月。
19. 教育绿色建筑，智能市场报告，麦格劳 - 希尔建设的研究和分析，2007 年，访问地址为 http://www.construction.com/greensource/resources/smartmarket.asp。
20. 杰瑞・莱亚，海因斯，采访 2007 年 3 月。
21. 斯蒂芬・克勒特和爱德华・威尔逊，编，Biophilia 假说（华盛顿特区：岛屿出版社，1995 年）。
22. 在这件事情的税收返还及减免将到 2008 年 12 月 31 日，除非国会延长。
23. 盖尔・林赛，设计和谐，North Carolina，采访，2007 年 3 月。
24. 贾森 F・麦克伦南，“居住建筑的挑战”。访问地址为 www.cascadiagbc.org/resources/living-buildings/LBC_Two_Pager.pdf，2007 年 3 月 21 日访问。

第六章

1. 英国建筑研究所环境评估法，访问地址为 www.breeam.org。
2. 奈杰尔·霍华德，前英国 BREEAM 职员，澳大利亚，悉尼，个人通信，2007 年 2 月。
3. 日本的方法来评定绿色建筑的概述，访问地址为 www.ibec.or.jp/CASBEE/english/index.htm，加拿大 LEED 评估体系概述了绿色建筑在加拿大的认证，访问地址为 www.cagbc.org/ building_rating_systems/ leed_rating_system.php，印度 LEED 评估体系，访问地址为 www.igbc.in，布伦特摩根，美国绿色建筑委员会的工作人员，对于其他国家，个人通信授权的 LEED 评估体系，2007 年 3 月。
4. 世界绿色建筑委员会，访问地址为 www.worldgbc.org。
5. 凯文·海兹，Stantec 咨询，采访 2007 年 3 月。
6. 休斯敦·尤班克，世界绿色建筑协会，采访，2007 年 3 月。
7. 加拿大绿色建筑委员会，“会员人数统计”，访问地址为 www.cagbc.org/ membership_information/ statistics.php，2007 年 3 月 18 日。
8. 劳埃德·阿尔特，“海湾群岛公园运营中心：LEED 白金级”，2006 年 11 月 8 日，访问地址为 www.treehugger.com/files/2006/11/gulf_islands_pa_1.php，2007 年 4 月 1 日访问。
9. 托马斯·穆勒，访谈，2007 年 3 月。
10. 尼尔斯·拉尔森，罗纳德·布莱克本，Rein Jaaniste, Ove Morck, Ilari Aho, Andrea Moro, Car-oline Cheng, Mauritz Glaumann, Marita Wallhagen, and Sonja Persram，“可持续建筑的政策措施，”加拿大按揭和住房公司，2006 年 12 月。
11. 一系列与开发商在上海的会议，2005 年 3 月，我发现这一点的第一手资料。
12. 奥雅纳（Arup），“可再生能源供应世界上第一个可持续发展的城市合作，”2006 年 2 月 26 日，访问地址为 www.arup.com/arup/newsitem.cfm?pageid=8015，2007 年 3 月 18 日访问。
13. 彼得·海德，奥雅纳，介绍 07 年绿色城市会议上，澳大利亚悉尼，2007 年 2 月 13 日。
14. 肯尼斯·兰格，采访，2007 年 3 月。进一步的信息可以登录 www.emsi-green.com。
15. 肯尼斯·兰格和罗伯特·沃森，“将 LEED 带到中国，”环境设计 + 施工，2005 年 11 月。
16. CII-Sohrabji 戈瑞德的绿色商业中心的信息，访问地址为 www.ciigbc.org/aboutus.asp。
17. 卡·威廉斯，凯丝·威廉姆斯 & 联合公司，访谈，2007 年 3 月。
18. S·斯里尼瓦桑，“绿色建筑在印度的经验与教训”，访问地址为 www.igbc.in/igbc/mmbase/ attachments/380/Green_Buildings_in_India_-_Lessons_Learnt.pdf，2007 年 3 月 18 日。以及“绿色建筑在印度的新兴商业机会”，没有作者。
19. 营造绿色城市，07 年，“澳大利亚会议和博览会”，访问地址为 www.greencities.org.au.
20. 澳大利亚的人口只有约 20 亿美元，而美国约是 300 万。
21. 澳大利亚绿色建筑委员会绿色建筑新闻：新闻发布，访问地址为 www.gbcaus.org/gbc.asp?sectionid=6，2007 年 3 月 18 日访问。
22. 阿尔文案例研究，由 Z3 可持续发展的设计工程咨询公司，西班牙，马德里，编制，访问地址为 www.zeta3.com。

23. 奥雷利奥·拉米雷斯—萨尔索萨，的创始人和总裁，西班牙绿色建筑委员会，访谈，2007 年 3 月，访问地址为 www.spaingbc.org。
24. 同上。

第七章

1. 罗德·威尔，特纳 建造，访谈，2007 年 3 月。
2. 美国人口普查局，www.census.gov/const/www/C30index.html，2007 年 3 月 22 日访问。
3. 同上。
4. 美国绿色建筑委员会案例的研究：Gerding/ 埃德伦开发公司，访问地址为 www.usgbc.org/ShowFile.aspx?DocumentID=1207，2007 年 3 月 23 日访问。
5. 同上。
6. 啤酒厂街区，访问地址为 www.breweryblocks.com。
7. 斯科特·刘易斯，LEED 的顾问，西北部 Brightworks，个人沟通，2007 年 3 月 23 日。
8. 丹尼斯·王尔德，访谈，2007 年 3 月。
9. USGBC 项目简介：横幅银行大厦，www.usgbc.org/ShowFile.aspx?DocumentID=2057，2007 年 3 月 23 日访问。
10. 同上。
11. 理查德·库克，AIA, Cook+Fox 的建筑师，纽约市，访谈，2007 年 3 月。
12. 杰瑞·李，海因斯，访谈，2007 年 3 月。
13. 工作平台，访问地址为 www.workstage.com。
14. 同上。
15. 集成架构，访问地址为 www.intarch.com/leed_project_5/index.htm 和 www.intarch.com/news.htm，2007 年 6 月 4 日访问。
16. 维尔马·巴尔，“PNC 的底线上的绿灯”，显示与设计理念。2005 年 10 月 1 日，访问地址为 www.ddimagazine.com/displayanddesignideas/search/article_display.jsp?vnu_content_id=1001307842，2007 年 3 月 23 日访问。
17. 史蒂夫·麦克林登，“让可持续发展有利可图，”国际理事会购物中心，访问地址为 www.icsc.org/srch/sct/sct0207/index.php，2007 年 3 月 23 日访问。
18. 蒂莫西·戴维斯，“伟世通公司：社区可以如何准备重大的经济投资，”2005 年 4 月 19 日，访问地址为 www.umich.edu/~econdev/visteon/index.html，2007 年 4 月 1 日访问。
19. 美国人口普查局，访问地址为 www.census.gov/const/www/C30index.html，2007 年 4 月 1 日访问。
20. “任何其他名称的绿色仍然取得 LEED 银级认证”，发展，2006 年冬季，第 14 页。
21. 美国绿色建筑委员会 LEED 申请注册项目 2007 年 4 月 12 日，访问地址为 www.usgbc.org/ShowFile.aspx?DocumentID=2313，2007 年 4 月 1 日访问。
22. 自由财产信托：高性能绿色建筑，访问地址为 www.libertyproperty.com/green_buildings.asp?sel=0&id=1，2007 年 4 月 1 日访问。

23. 彼得 S. Longstreth，“自由财产信托的新月驱动器荣获 LEED 铂金认证由美国绿色建筑委员会”，2006 年 8 月 22 日，访问地址为 www.pidc-pa.org/newsDetail.asp?pid=208，2007 年 4 月 1 日访问。
24. 珍妮·弗道森，“加州公务员退休基金形式的”绿色“建设资金与休斯敦的开发，”萨克拉门托商业杂志 2006 年 10 月 13 日，访问地址为 http://sacramento.bizjournals.com/sacramento/stories/2006/10/16/story15.html，2007 年 3 月 23 日访问。
25. 加里·皮沃，“对社会负责任的地产投资还有未来吗？”Fall 杂志 2005，访问地址为 www.findarticles.com/p/articles/mi_qa3681/is_200510/ai_n15868788,2007 年 3 月 23 日访问。
26. “美国银行（Bank of America）以绿色信贷提交 200 亿美元”，2007 年 3 月 6 日，访问地址为 http://blogs.business2.com/greenwombat/2007/03/bank_america_co.html，2007 年 3 月 23 日访问。
27. “为应对全球气候变化，花旗银行在 10 年以上的目标 500 亿美元”，2007 年 5 月 8 日，访问地址为 www.citigroup.com/citigroup/press/citigroup.htm，2007 年 5 月 30 日访问。

第八章

1. 来自于美国绿色建筑委员会非公开发布的由 LEED 申请注册和认证的数据,2007 年 3 月，和作者对这一数据的分析。
2. “公共工程提供了稳定的增长，”工程新闻记录，2007 年 3 月 26 日，第 25 页。
3. 访问地址为 www.census.gov/const/C30/totsa.pdf，2007 年 3 月 30 日。
4. 唐·霍恩，美国总务管理局，采访，2007 年 3 月。
5. 访问地址为 www.ecotrust.org，Bettina von Hagen, Erin Kellogg 和 Eugénie Frerichs 重建绿色：自然资本中心和变革力量的建筑物（波特兰，OR：Ecotrust，2003 年）。
6. 来自笔者的专业经验。
7. 约翰·博克，访谈，2007 年 3 月。
8. 美国绿色建筑委员会的数据，来自 LEED-NC 的技术审查工作簿，未发表，2006 年。
9. 美国绿色建筑委员会 LEED 认证项目的列表，访问地址为 www.usgbc.org/LEED/Project/CertifiedProjectList.aspx?CMSPageID=244，2007 年 3 月 30 日访问。
10. 美国能源部能源效率和可再生能源办公室，访问地址为 www.eere.energy.gov/femp/pdfs/fed_leed_bldgs.pdf，2007 年 3 月 30 日访问。
11. 大卫·萨默斯，“创新工程提供了灵活的控制，同时节约了能源，”2006 年 8 月 1 日，访问地址为 http://www.glumac.com/section.asp?catid=140&subid=157&pageid=569，2007 年 3 月 30 日访问。
12. 美国绿色建筑委员会 LEED 认证的项目清单：NRDC Santa Monica 办公室，http://leedcase，studies.usgbc.org/ energy.cfm ProjectID= 236，2007 年 3 月 30 日访问。
13. 阿曼达·格里斯科姆，“他们谁是最环保的？”，在 www.grist.org/news/powers/2003/11/25/of，2007 年 3 月 30 日访问。

14. 圣塔・克拉里塔公交维修基金获得了美国绿色建筑委员会的 LEED 金级认证，2007 年 1 月 3 日。访问地址为 http://www.hok.com，2007 年 6 月 6 日访问。
15. 马克・墨菲，圣塔・克拉里塔公交维修基金获得了美国绿色建筑委员会的 LEED 金级认证，2007 年 1 月 3 日。访问地址为 http://www.hok.com，2007 年 6 月 6 日。
16. 威斯康星州自然资源部，“威斯康星州的第一个”绿色“的状态办公大楼打开绿湾”，2006 年 6 月 12 号，http://dnr.wi.gov/org/caer/ce/news/rbnews/BreakingNews_Lookup.asp?ID= 80，2007 年 4 月 1 日访问。

第九章

1. “停滞势头”，美国学校与大学，2006 年 5 月，第 24 页。
2. 美国人口普查局，访问地址为 www.census.gov/const/C30/totsa.pdf，2007 年 3 月 30 日。
3. 美国绿色建筑委员会 LEED 注册项目，2007 年 4 月 12 日，访问地址为 www.usgbc.org/ShowFile.aspx?DocumentID=2313，2007 年 3 月 31 日。
4. 美国绿色建筑委员会的工作人员，个人通信，2006 年 10 月。
5. 绿色教育建筑报告，麦格劳 - 希尔建筑研究与分析，2007 年，第 9 页，访问地址为 www.construction.com/greensource/resources/smartmarket.asp。
6. 请参阅 www.aashe.org。作者是一个创始成员。
7. 马修・圣克莱尔，可持续发展经理，美国加州大学，采访，2007 年 3 月。
8. 朱迪・沃尔顿，领导者的战略举措，AASHE，采访，2007 年 3 月。
9. 罗伯特・罗斯，“UW 达到黄金标准，能源和环境设计”2007 年 1 月 18 日，访问地址为 http://uwnews.washington.edu/ni/article.asp?articleID=29606，2007 年 3 月 31 日访问。
10. “教育发展趋势：无论内外墙，最新和最伟大的，继续发展，”学院规划与管理，2006 年 1 月，第 14 页，访问地址为 www.peterli.com/archive/cpm/1041.shtm，2007 年 3 月 31 日访问。
11. “UC Merced 的第一个校园综合体荣获金级认证”，访问地址为 www.ucmerced.edu/news_articles/03132007_uc_merced_s_first.asp，2007 年 3 月 31 日访问。
12. Morken 中心的概况介绍，访问地址为 www.plu.edu/~morken/fact-sheet.html，2007 年 3 月 31 日访问。
13. 在促进可持续发展高等教育协会，访问地址为 www.aashe.org。
14. 利斯・夏普，哈佛大学，采访，2007 年 3 月。
15. “绿色建筑在哈佛：哈佛展台承诺以“LEED”为例，”2007 年春季，访问地址为 www.greencampus.harvard.edu/newsletter/archives/2006/05/green_buildings_1.php，2007 年 3 月 31 日访问。
16. 布鲁纳 / 科特公司建筑事务所，每月提供的项目信息，2007 年 3 月。
17. 利斯・夏普，哈佛大学，采访，2007 年 3 月。
18. 同上。
19. 安妮・舍普夫，Mahlum 建筑师，采访，2007 年 3 月。

20. 教育绿色建筑灵通报告，麦格劳 - 希尔建筑研究与分析，2007 年，第 9 页，访问地址为 www.construction.com/greensource/resources/smartmarket.asp。
21. 年度调查数据，美国学校与大学 2006 年 4 月，第 30 页。
22. 同上，第 17 页。
23. “绿色商业项目的 LPA 建筑师”，2006 年 8 月 4 日，访问地址为 www.ocregister.com/ocregister/life/homegarden/article_1234133.php，2007 年 3 月 31 日访问。
24. 加利福尼亚州和内华达州的混凝土砌体协会：建筑概况：Cesar Chavez 小学，2006 年 7 月访问地址为 www.cmacn.org/publications/profiles/july2006/page2.htm，2007 年 3 月 31 日访问。
25. 华盛顿可持续发展学校：高性能学校设备，2004 年 3 月，访问地址为 www.k12.wa.us/SchFacilities/pubdocs/FinalProtocol-March2004.pdf，2007 年 3 月 30 日访问。
26. 凯瑟琳·奥布莱恩，奥布莱恩和公司，西雅图，华盛顿，采访，2007 年 3 月。
27. 和协的高性能学校，访问地址为 www.chps.net，2007 年 3 月 30 日访问。
28. 学区正在使用 CHPS 的准则，访问地址为 www.chps.net/chps_schools/districts.htm，2007 年 3 月 30 日访问。
29. 绿色教育智能建筑市场报告，麦格劳 - 希尔建筑研究与分析，2007 年，第 9 页，访问地址为 www.construction.com/greensource/resources/smartmarket.asp。
30. Heschong Mahone 集团，股份有限公司，采光和生产力，报名表，访问地址为 www.h-m-g.com/downloads/Daylighting/day_registration_form.htm，2007 年 3 月 30 日访问。
31. 更好的砖：Ash Creet 中级学院案例研究，访问地址为 www.betterbricks.com/LiveFiles/28/6/AshCreek_cs.pdf，2007 年 3 月 31 号访问。
32. “奇妙的光：BOORA 建筑师证明，绿色战略，如采光，可以帮助孩子们学习，同时保持教育的预算之内”，访问地址为 http://chatterbox.typepad.com/portlandarchitecture/files/LightFantastic.doc，2007 年 3 月 31 日。
33. 2005 年调查的绿色建筑绿色建筑加 K-12 教育和高等教育，访问地址为 www.turnerconstruction.com/greensurvey05.pdf，2007 年 3 月 31 号访问。
34. 格雷戈里·卡茨的“绿化美国的学校：成本和收益，”2006 年 10 月，访问地址为 www.cap-e.com/ewebeditpro/items/059F11233.pdf，2007 年 3 月 30 号访问。

第十章

1. 美国环境保护署和美国能源部，能源之星，访问地址为 www.energystar.gov。
2. “绿色”的房主和自己的家园是快乐的，并建议他们节省成本是购买绿色最好的激励因素，2007 年 3 月 26 日，访问地址为 www.mcgraw-hill.com/releases/construction/20070326.shtml，2007 年 4 月 2 日访问。
3. “3 月 21 由励展博览集团建设数据预测，2007 年建筑队，”访问地址为 www.buildingteamforecast.com。

4. 哈维·伯恩斯坦，麦格劳 - 希尔建造，介绍 NAHB 全国绿色建筑大会上，美国密苏里州圣路易斯市，2007 年 3 月 27 日。本次调查将于 2007 年 6 月，访问地址为 www.construction.com。

5. 卡斯滕过路处，惠特尼牧场，访问地址为 www.whitneyranch.net/neighborhood.aspx?nbor=Carsten 的% 20Crossings，2007 年 4 月 1 日访问。

6. 2007 年能源价值房屋 Awardsm 的优胜者，访问地址为 www.nahbrc.org/evha/winners.html，2007 年 4 月 1 日访问。

7. 迈克尔，"住宅建筑" 看不见 "的太阳能电池板转化，" 2006 年 5 月 11 日，访问地址为 http:// news.com.com/Home+builders+switch+on+the+invisible+solar+panels/2100-11392_3-6070992.html，2007 年 4 月 1 日访问。

8. Oikos 绿色建筑：绿色建筑新闻中心 2007 年 3 月。2007 年 3 月 14 日，访问地址为 http://oikos.com/news/2007/03.html，2007 年 4 月 1 日访问。

9. 符合 "能源之星" 新房市场指数国，访问地址为 www.energystar.gov/index.cfm?fuseaction=qhmi.showHomesMarketIndex，2007 年 6 月 6 日访问。

10. NAHB 模型的绿色家园建筑指引，访问地址为 www.nahb.org/publication_details.aspx?publicationID=1994§ionID=155 和绿色建筑行动带来绿色的主流，访问地址为 www.thegbi.org/ residential，2007 年 4 月 1 日。

11. NAHB 模型的绿色家园建筑指引，访问地址为 www.nahb.org/publication_details.aspx?publicationID=1994§ionID=155，访问 2007 年 4 月 1 日，第 7 页。

12. 建造绿色科罗拉多州：2005 年年底的年度报告。2006 年 1 月 1 日，访问地址为 www.builtgreen.org/about/2005_report.pdf，2007 年 4 月 1 日访问。

13. 美国地方和区域的绿色家园建设计划，访问地址为 www.usgbc.org/ShowFile.aspx?DocumentID=2001，2007 年 4 月 1 日访问。

14. 构建它的绿色，访问地址为 www.builditgreen.org 和地球优势的公寓，访问地址为 www.earth-advantage.org。

15. 莫西尔河公寓：替代能源，访问地址为 www.mosiercreek.com/ ALT energy.html 的，2007 年 4 月 1 日访问。

16. 彼得·埃里克森，采访，2007 年 3 月。

17. 约翰·麦克劳文，"对不起柯密，这很容易变成绿色"，多户趋势（城市土地的补充），7 月 /2006 年 8 月，第 20 页。

18. 项目信息提供由巴斯比帕金斯 + 威尔建筑，2007 年 3 月。

19. FXFOWLE 建筑师，纽约市，个人沟通，2007 年 2 月。

20. 绿色社区，访问地址为 www.greencommunitiesonline.org。

21. 绿色社区的愿景，访问地址为 www.greencommunitiesonline.org/ about.asp，2007 年 4 月 4 日访问。

22. "3 月 21 由 Reed 博览集团建设数据预测，2007 年建筑队，" 访问地址为 www.buildingteamforecast.com。

23. 生活家：可持续发展的使命：可能，访问地址为 www1.livinghomes.net/about.html，2007 年 4 月 1 日访问。
24. 2007 年能源价值房屋得奖的优胜者，访问地址为 www.nahbrc.org/ evha/ winners.html，2007 年 4 月 1 日访问。
25. 米歇尔·考夫曼设计，访问地址为 www.mkd-arc.com/whatwedo/breezehouse/letTheGreenIn.cfm，2007 年 4 月 1 日访问。
26. 哈维·伯恩斯坦，麦格劳 - 希尔建筑信息，介绍 NAHB 全国绿色建筑大会上，美国密苏里州圣路易斯市，2007 年 3 月 27 日。本次调查将用于 2007 年 6 月，访问地址为 www.construction.com。
27. 绿色房主是比较满意的，出于成本。2007 年 3 月 26 日，访问地址为 www.nahb.org/news_details.aspx?newsID=4304&print=true2，2007 年 4 月。

第十一章

1. “了解公众卫生及建筑环境之间的关系”，编写的一份报告对美国绿色建筑委员会的 LEED-ND 核心委员会设计，社区及环境和劳伦斯 - 弗兰克和公司，2006 年 5 月，访问地址为 www.usgbc.org/ShowFile.aspx?DocumentID=1480，2007 年 3 月 31 日访问。
2. 同上，第 118 页。
3. 卡尔索普联营公司，访问地址为 www.calthorpe.com 和 Duany Plater-Zyberk & 公司，访问地址为 www.dpz.com。
4. 国会的新城市，访问地址为 www.cnu.org 和智能增长的在线，访问地址为 www.smartgrowth.org。
5. 希拉·沃特诺，国家工业和办公物业协会（www.naiop.org），个人通信，基于委托 NAIOP，国际购物中心协会，全国多户家庭房屋委员会，建筑业主和经理协会的调查，并报告于 2006 年 11 月。
6. 码头边的绿色项目概况，访问地址为 www.docksidegreen.ca/dockside_green/overview/index.php，2007 年 3 月 31 日访问。
7. OE·范·贝莱姆，个人通讯，2007 年 2 月。
8. 访问地址为 www.docksidegreen.ca/dockside_green/news/index.php，2007 年 3 月 31 日访问。
9. 乔·范·贝莱姆，介绍营造绿色城市在 07 年会议上，澳大利亚悉尼，2007 年 2 月 12 日。
10. 诺斯塔·查尔斯顿，SC，访问地址为 www.noisettesc.com.
11. 诺斯塔的项目概况，访问地址为 www.noisettesc.com/ press_projectover.html，2007 年 3 月 31 日访问。
12. 丹尼斯·库克，“一个‘绿色’的场景，”查尔斯顿地区商业杂志，2007 年 1 月 22 日，访问地址为 www.noisettesc.com/press_news_article.html?id=69，2007 年 3 月 31 日访问。
13. 城市中心的拉斯维加斯大道，访问地址为 www.vegasverticals.com/ citycenter.html，2007 年 4 月 1 日访问。

14. 贾斯汀·托马斯，“巨大的在拉斯维加斯的城市中心项目的目标是成为绿色的”，2007 年 1 月 28 日，访问地址为 www.treehugger.com/files/2007/01/the_huge_cityce.php，2007 年 4 月 1 日访问。
15. 森林城市企业，访问地址为 www.forestcity.net/feature4_practices.html，2007 年 4 月 1 日访问。
16. “Melaver 项目荣获第二届 LEED 认证，” 萨凡纳晨报，2007 年 2 月 22 日，访问地址为 www.abercorncommons.com/index.php?option=com_content& task=view&id=20，2007 年 3 月 31 日访问。
17. “商店 600 阿伯康通用获得了 LEED 银级认证，”,2007 年 2 月 25 日，访问地址为 www.prleap.com/pr/67257，2007 年 3 月 31 日访问。
18. 美国绿色建筑委员会 LEED 注册项目，访问地址为 www.usgbc.org/Show File.aspx?DocumentID=2313，2007 年 3 月 31 日访问。
19. 格伦·哈塞克，希尔顿温哥华华盛顿在精英群获得 LEED 认证的酒店 2007 年 1 月 14 日，访问地址为 www.greenlodgingnews.com/Content.aspx?id=753，2007 年 3 月 31 日访问。
20. 梅拉妮·拉波因特，“加州旅馆”，2007 年 3 月 1 日，访问地址为 www.edcmag.com/Articles/Feature_Article/BNP_GUID_9-5-2006_A_10000000000000071874，2007 年 3 月 31 日访问。

第十二章

1. 罗宾·冈瑟，冈瑟 5 建筑事务所，纽约市，采访，2007 年 3 月。
2. 波特兰水泥协会案例研究：博尔德社区山麓医院，访问地址为 www.cement.org/buildings/buildings_green_boulder.asp，2007 年 3 月 27 日访问。
3. GGHC 通讯，2007 年 1 月 /2 月，访问地址为 www.gghc.org。
4. 这个数据来自 Robin Guenther，Guenther 建筑事务所，纽约市，2007 年 3 月。
5. 马伊罗·贝蒂门，“LEED 在印第安纳州精神病医院三次”，2007 年 3 月 19 日，访问地址为 www.interiordesign.net/article/CA6425199.html?title=Article,2007 年 3 月 27 日访问。
6. 认证的项目列表，访问地址为 www.usgbc.org，2007 年 3 月 27 日访问。
7. 罗宾·冈瑟“建设绿色农村”医疗设计，2004 年 11 月，访问地址为 www.g5arch.com/portfolio/discovery/，2007 年 3 月 27 日访问。
8. 卡伦·P·沙玻瑞和詹姆斯·史密斯，“工资，利润和非营利性医院和大学”劳工统计局，2005 年 6 月 29 日，访问地址为 www.bls.gov/opub/cwc/cm20050624ar01p1.htm，2007 年 3 月 24 日访问。
9. 罗伯特·卡西迪，“成为绿色医院的 14 步”建筑设计 + 施工，2006 年 2 月 8 日，访问地址为 www.bdcnetwork.com/article/CA6305831.html，2007 年 3 月 27 日访问。
10. 罗宾·冈瑟，冈瑟 5 建筑事务所，纽约市，采访，2007 年 3 月。
11. 金·希恩，TLC 工程建筑事务所，采访，2007 年 3 月。
12. 沃尔特·弗农，“卫生保健的良药？”物业经营管理，2007 年 3 月，第 31-38 页。

第十三章

1. 调查结果的访问地址在 www.gensler.com/news/2006/07-20_workSurvey.html，2007 年 3 月 29 日访问。
2. 佩妮·邦达和凯蒂斯诺威克，可持续的商业室内设计（新北京：科学出版社，2006 年）。
3. 佩妮·邦达，采访，2007 年 3 月。
4. 同上。
5. 霍利·亨德森，H2 生态设计，亚特兰大，采访，2007 年 3 月。
6. 美国绿色建筑委员会未公开出版的数据，个人通信，2007 年 3 月 29 日。
7.HOK 营销案例研究，个人通信，2007 年 3 月。
8. “上海 InterfaceFLOR 荣获中国首个 LEED-CI 金奖”，2006 年 12 月 4 日，访问地址为 www.chinacsr.com/2006/12/04/892-interfaceflor-shanghai-receives-chinas-first-leed-ci-gold，2007 年 4 月 3 日访问。

第十四章

1. “能源之星” 建筑物，访问地址为 www.energystar.gov/index.cfm?c=business.bus_bldgs，2007 年 3 月 29 日访问。
2. 美国环境保护署和美国能源部，“能源之星”，访问地址为 www.energystar.gov，2007 年 3 月 29 日访问。
3. 联邦能源管理的计划，访问地址为 www1.eere.energy.gov/femp/about/index.html，2007 年 3 月 29 日访问。
4. BOOMA: The G.R.E.E.N，访问地址为 www.boma.org/ AboutBOMA/ TheGREEN 访问 3 月 30 日，2007 年。
5. BEEP：BOMA 能源效率计划，访问地址为 www.boma.org/ TrainingAndEducation/BEEP，2007 年 3 月 30 日访问。
6. 联邦税收抵免，提高能源效率，访问地址为 www.energystar.gov/index.cfm?cproducts.pr_tax_credits，2007 年 3 月 30 日访问。
7. “Adobe 赢得由美国绿色建筑委员会颁发的铂金认证” 2006 年 7 月 3 日，访问地址为 www.adobe.com/aboutadobe/pressroom/pressreleases/200607/070306LEED.html，2007 年 3 月 29 日访问。
8. 美国绿色建筑委员会案例分析：Joe Serna 小加利福尼亚州环境保护局总部大楼，访问地址为 www.us-gbc.org/ ShowFile.aspx？ DocumentID=2058，2007 年 3 月 29 日访问。
9. LEED 铂金认证 / 教学大楼部门概况，绿色加利福尼亚州，访问地址为 www.green.ca.gov/factsheets/leedebplat0706.htm，2007 年 3 月 29 日访问。
10. 美国绿色建筑委员会案例研究：美国国家地理协会的绿色总部展示了他们的创业精神，访问地址为 www.usgbc.org/ShowFile.aspx?DocumentID=745，2007 年 3 月 29 日访问。
11. 美国绿色建筑委员会案例研究：Johnson 多样性，访问地址为 www.usgbc.org/Docs/LEEDdocs/Johnson Diversey%20Narrative%20Case%20Study%20V5.pdf，2007 年 3 月 29 日访问。

12. “美国绿色建筑委员会既有建筑的可持续发展计划，” 2006 年 12 月 7 日。访问地址为 www.ia.ucsb.edu/pa/display.aspx?pkey=1529，2007 年 4 月 1 日访问。
13. 马修·弗莱明，研究室主任，BOMA，个人通信，2007 年 1 月。

第十五章

1. “25,000 的 LEED 专业人士和计数，” 建筑设计 + 施工，2006 年 7 月，第 S5 页。
2. 美国建筑师协会芝加哥绿色科技中心，访问地址为 www.aiatopten.org/hpb/energy.cfm?ProjectID=97，2007 年 4 月 2 日访问。
3. 巨人 300 调查，建筑设计 + 施工，2006 年第 61 页，访问地址为 www.bdcnetwork.com/article/CA6354620.html。
4. 桑德拉·门德勒，威廉·奥德尔，和玛丽安拉撒路，HOK 以维持设计指南，第二版。（纽约：科学出版社，2006）。
5. 玛莉·安·拉撒路，HOK，密苏里州的圣路易斯，采访，2007 年 3 月。
6. 国际慢餐。访问地址为 www.slowfood.com，2007 年 6 月 6 日访问。
7. “绿色建筑与底线，” 环境设计 + 施工，2006 年 11 月，第 7-9 页，访问地址为 www.bdcnetwork.com/article/CA6390371.html?industryid=42784，2007 年 3 月 22 日访问。从建筑设计 + 施工许可转载。2006 年里德商业信息。保留所有权利。
8. 巨人 300 调查，建筑设计 + 施工，2006 年，第 62 页。访问地址为 www.bdcnet-work.com/article/CA6354620.html。与建筑许可转载设计 + 施工。2006 年里德商业信息。保留所有权利。
9. 罗素·佩里，史密斯小组，华盛顿，DC，个人通信，2007 年 1 月。
10. 小大卫，林纳克斯·博蒙特，个人通信，2007 年 3 月。
11. 大部分的语言和概念结构源于条例草案，比尔·里德的工作，AIA，波士顿建筑师和 LEED 系统的原创者，以及盖尔·林赛的贡献，美国建筑师协会会员，AIA 约翰·博克，乔尔·托德和 NadavMalin。这些术语的定义是“7 级的设计”，来自于盖尔林赛。
12. 比尔·里德，“推荐我们的心智模型’——可持续发展'的再生，” 在反思 2006 年可持续建筑会议上介绍，2006 年 4 月，访问地址为 www.integrativedesign.net。
13. 本·哈格德，比尔·里德和帕梅拉·芒，“再生发展，” REVIT 化 2006 年 1 月。
14. “劳埃德穿越型城市可持续设计总体规划”，访问地址为 www.mithun.com/expertise/LloydSustainableDesignPlan.pdf，2007 年 3 月 22 日访问。

第十六章

1. 博纳威环境基金会网站的网站，www.bef.org。
2. 米歇尔·希金斯，“环保意识的旅行：如何保持前进并保持绿色”，纽约时报，2006 年 10 月 15 日。
3. 对于可再生能源税收优惠政策的最新信息，请参阅 www.dsireusa.org。
4. 托克维尔论美国的民主（伦敦，纽约：企鹅经典，2003 年，1835 年和 1840 年）。

5.“接口的目的是要扩大在家里的内部效率，”波兰日报，商业日报2月20日，2007年，第1页。

6.“美国银行提交200亿美元，用以绿色信贷”，2007年3月6日，访问地址为http://blogs.business2.com/greenwombat/2007/03/bank_america_co.html，2007年3月23日访问。

7.尤德尔森公司，访问地址为www.greenbuildconsult.com。

8.俄勒冈州波特兰市的可持续发展，访问地址为www.green-rated.org。该组织的历史，访问地址为www.portlandonline.com/OSD / index.cfm的C =42248 & A=126515，2007年3月22日访问。

9.智者引语，访问地址为www.brainyquote.com/quotes/quotes/m/margaretme100502HTML，2007年3月22日访问。

10. MuniNetGuide：巴比伦镇，纽约，访问地址为www.muninetguide.com/states/new_york/municipality/Babylon.php，2007年3月22日访问。

11.美国绿色建筑委员会，LEED关于政府和学校的倡议，2007年4月1日，访问地址为WWW.usgbc.org/ ShowFile.aspx？ DocumentID= 691，2007年3月22日访问。

12.克里夫·费根鲍姆，GreenMoney访谈：Amy Domini，访问地址为www.greenmoneyjournal.com/article.mpl?newsletterid=36&articleid=451，2007年3月22日访问。

13.乔尔·马考沃，罗恩·派尼克，和克林特·怀尔德，“2007年清洁能源趋势，”清洁边缘创业网，访问地址为www.cleanedge.com/reports/Trends2007PDF，2007年3月22日访问。

作者简介

杰瑞·约德森，PE, MS,
MBA, LEED AP.

杰瑞·约德森是美国绿色发展和营销绿色建筑的权威之一，有五本关于这些主题的著作。他自 1999 年以来，一直积极参与绿色建筑行业的绿色建筑运动。在此之前，他在开发新技术和可再生能源，环境整治和环境规划领域提供服务方面度过了他的职业生涯。作为一名顾问，杰瑞曾与州政府，公共事业，地方政府，"财富" 500 强企业，小企业，建筑和工程公司，以及产品制造商共事。

他拥有俄勒冈大学的最高荣誉，并获得 MBA 学位，教授了 50 门 MBA 的课程，主题如市场营销，企业策划，组织发展和公共关系。他是俄勒冈州注册的专业工程师，他分别拥有来自加州理工学院和哈佛大学的土木和环境工程学学位。他一直是 75 名首席执行官的各种大小的公司营销顾问以及超过一百个公司的管理顾问。

目前，他主要在 Yudelson 联营公司做绿色建筑顾问，公司总部设在美国亚利桑那州图森市，他的作品使开发人员、设计团队和产品制造商追求使自己的项目和产品更绿色环保。他的工作涉及早期阶段的咨询，促进生态专家研讨会，以及LEED专业知识和指导的设计团队设计项目。他的作品与开发团队创建有效的营销方案，为大型环保项目，并与制造商和私募股权投资公司提供职业调查，产品营销和投资机会。

他是一个频繁的演讲者和讲师，关于绿色建筑的主题，重点指出地区，国家和国际会议以及举办讲习班为推广绿色建筑服务，建筑行业的专业人士发展绿色项目服务。

自2001年以来，杰瑞已经培训了3000多名建筑行业的在LEED评级系统中的专业人士。自2004年以来，他一直主持美国绿色建筑委员会的年度绿色建筑会议，这是在世界上最大的绿色建筑会议。杰瑞还担任国家负责生产LEED芯和外壳（LEED-CS）评级系统的下一个版本的LEED新建筑（LEED-NC）系统。

2004年，西北能源效率联盟提名他为倡导年度建设和可持续工业杂志提名他的前25位的绿色建筑行业的领导者（在美国西北部沿太平洋地区）。2006年，美国总务管理局任命他为国家级的专业人士，告知其卓越设计方案的主要联邦机构名册。

他服务于国家贸易杂志，环境设计及施工，以及市场营销，每月公布的编委社会市场营销专业的服务。他是本网站的高级编辑www.igreenbuild.com。

杰瑞和他的妻子杰西卡，和他们的苏格兰小猎犬——马杜，住在亚利桑那州图森，亚利桑那州的索诺兰沙漠边缘。

译后记

翻译工作历时2年终于完成，交稿时感触很多，与编辑聊了很久，最后约定一定要写几句作为译后记。

2000年博士学位论文选题定下绿色建筑研究方向，用了3年完成博士论文《城市建筑生态转型与整体设计研究》，修改3年后出版。当时国内叫法并不统一，有称生态建筑、可持续建筑，绿色生态建筑等等，无论怎样，以生态的理念和视角，建筑与城市需要作为一个整体系统来研究。2005年首届“绿色与智能建筑大会”后国内逐渐统一了绿色建筑的称谓。十多年过去了，绿色建筑从概念的辨析、内涵的探讨，到当前全面推广绿色建筑标识认证，甚至某些地区和城市（如北京）已经尝试将绿色标示作为强制性设计要求。因此觉得庆幸，选择研究的课题对接了社会发展需求，这种需求是能够10年、20年以至长期研究下去的。

初次看到《绿色建筑革命》时觉得很有价值，便决定翻译。目前国内已经对LEED并不陌生，截至2012年10月，中国申请LEED认证的项目已达1045个，已获得认证的项目有267个，其中2005年2个，2006年4个，到2012年接近100个，发展迅猛。中国有越来越多的建筑项目申请LEED认证，但对于LEED构成、LEED目标、LEED模式有真正了解的人并不多。当初翻译这部书的目的并不在于宣传LEED，写博士论文时对当时各个国家的评估体系做了些研究，如BREEAM、HK-BEAM、GBTool也包括那时刚出现不久的LEED，认识到评价及认证是以市场规律推广绿色建筑应用最有效的一种方法，因此研究一种成功的认证标准的产生及发展的历程，有助于深入了解绿色建筑全面发展的潜在规律，对我国进一步发展绿色建筑很有意义。

翻译过程历经2年多，在当代这个网络时代，效率算是慢得不行。期间在美国宾夕法尼亚大学设计学院访学一段时间，让我加深了对LEED的认识，特别是体会到LEED对美国当今绿色建筑教育以及绿色建筑发展的作用，仅宾大校园中就有5座建筑获得了LEED认证，其中铂金认证1个，金级认证2个，银级认证2个。学校的建筑设计教学过程中，LEED标准及认证过程受到高度重视。在访问美国建筑、规划以及景观设计事务所过程中，也了解到LEED在美国的影响力和作用，建筑师、规划师以及景观师都把获得LEED AP证书作为未来职业发展必备的一个条件。LEED AP 是美国绿色建筑委员会认可的LEED 认证专家，拥有该资格证明已经透彻地了解绿色建筑的实践和原则，以及 LEED 评分系统，能够顺利地管理整个 LEED 认证项目的实施。自 2001 年开始，目前全球有超过 16 万人获得了 LEED AP 证书，而其中中国仅 600 多人，相信今后会有很大增加。

回顾 2 年多的翻译过程，发现本身也是一个学习与实践的历程，在这个过程中我们团队参加了两届台达杯国际太阳能建筑设计竞赛均获得一等奖，参加了国际太阳能十项全能竞赛（SD2013）将我们设计的 i-Yard 实际建成，并参加了一些绿标申报咨询工作，从实践中对《绿色建筑革命》有了更深的体会。总之，LEED 为推行绿色建筑提供一个符合商业规律的发展路线图，从纸上谈兵到整个社会付诸行动，为此，LEED 认证模式具有了特别的价值，值得我们学习研究。

本书翻译中，我的研究生尹从峰、易旷怡、赵霞也参加了部分内容的初步翻译，编辑姚丹宁一直鼓励本书的翻译，为出版付出了很大的精力，在此一并感谢。

夏海山

北京交通大学建筑与艺术学院

2013 年 7 月初稿，10 月定稿